HANDBOOK OF CHARCOAL LIFE

# エコロジー 炭暮らし術

*Charcoal Culture Laboratory*

炭文化研究所 編

創森社

# 炭は暮らしに役だつ新資源〜推薦のことばとして〜

かつて炭は、ややもすれば黒くて汚れる時代遅れの産物との評が一般の人々にありましたが、それは現代では炭の新しい利用価値や炭やきの際の副産物である木酢液《もくさくえき》の価値を知らない方々の時代遅れの認識ともなりかねません。

炭は確実に居住性の向上に役だちます。「暮らしやすさ」に役だつことは生活物資の基本条件で、いかに機能性がよいものでも、それが人や環境にやさしくなく公害を発するようなものでは暮らしに役だちません。「快適居住性」こそ、日常の生活物資に要求されてしかるべき性質です。炭をよく知り、その特性を理解すればするほど、快適な暮らしに役だつ生活物資であることに気づかれると思います。

*

炭は木材を炭化することで形状を約三分の一に収縮した炭化物ですが、木材の組織構造をそのまま残しています。縦にも横にも通じる微細なパイプの集合体で、その口径は数ミリメートルから数オングストローム（一〇〇億分の一m）まで多種多様。そのパイプは、すべて外界に通じています。

このように炭の構造は多孔質（小さな孔が無数にある）の集合体なので、このパイプの内部面積を計算すると、わずか一g当たりで二五〇㎡（一五〇畳分）にもなります。しかも穴内部はガラス面のようにツルツルとした平面ではなく、木材組織のセルローやズリグニンが炭化した際の残基が点々と残っている複雑な表面になっており、微量な化学成分が引っかかりやすい構造です。このことが抜群の吸着性（炭の特性の一例）を生み、調湿、消臭などの炭の性質につながっているわけです。

＊

本書は、炭がとことん暮らしに役だつ特性があるスグレモノであることの根拠を示しながら、住居、健康、美容、料理、園芸の分野から活用術を具体的にわかりやすく手ほどきしています。

炭や木酢液を身近な生活次元で有効に活用することは、エコロジー＆リサイクルのライフスタイルを実践する手だてになります。炭や木酢液を暮らしに取り入れている方々はもとより、関心、興味のある方々にも本書をハンドブックとして大いに活用されることを願い、推薦のことばといたします。

一九九九年十二月

炭やきの会・日本木炭新用途協議会名誉会長　岸本　定吉

# 復刊にあたって

炭材や炭化法などによって日本ほど炭の種類が多く、炭から木竹《もくちく》酢液《さくえき》、灰などに至るまで多くの用途に生かしきっている国は他に見あたりません。一時期の炭ブームともいえる社会現象は一段落したとはいえ、燃料はもとより、燃料以外の新しい用途についても着実に知られるところとなっています。

炭の用途については、かつて日本木炭新用途協議会などが中心になり、燃料用と新用途用に区分。新用途用として生活環境資材用、住宅環境資材用、さらに農林・緑化・園芸用、水処理用、畜産処理用などの分野を示し、使用上の留意点などを明らかにしています。本書はこれらの留意点を踏まえ、炭関係の多くの研究者、実践家の方々の成果と知見を加え、一九九九年にまとめたものです。

在庫僅少で品切れ状態になりかかりましたが、各方面でテキスト、副読本などに採用していただいていることもあり、改めて復刊してお届けするしだいです。本書を参考にして、炭をエコロジー&リサイクルの新資源としてフル活用していただければ幸いです。

二〇一九年三月　炭文化研究所

●エコロジー炭暮らし術／目次

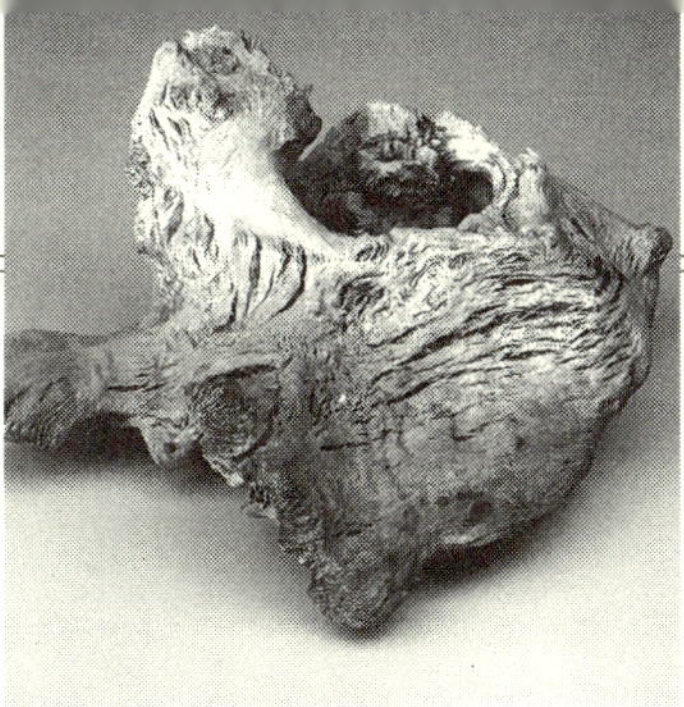

※本書は一九九九年の発刊本を一部改訂して復刊したものです

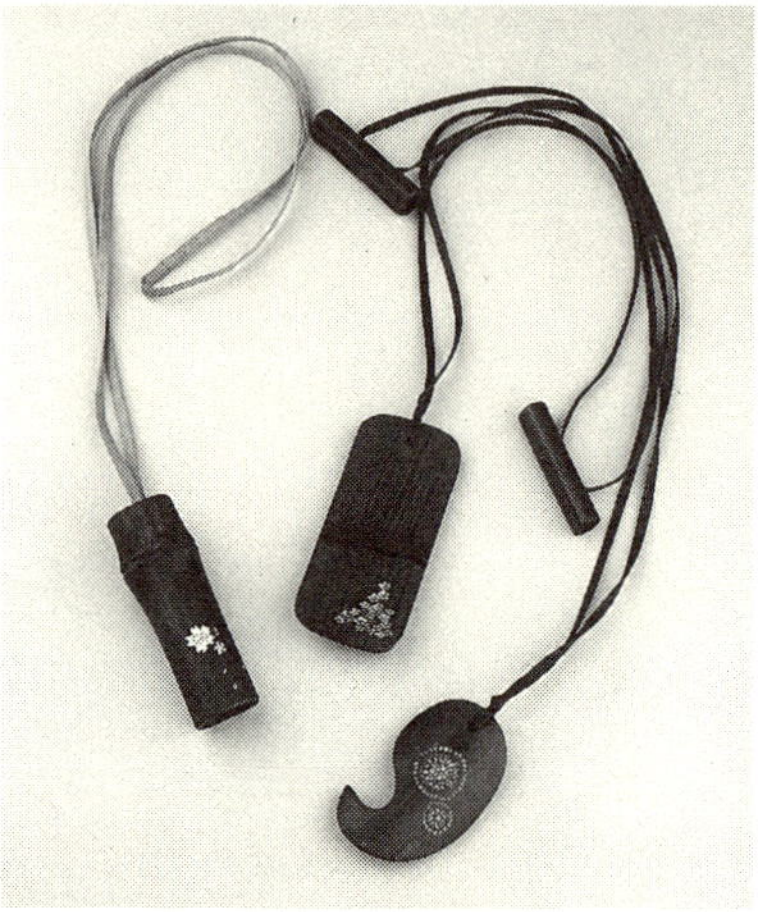

竹炭ペンダント（竹炭工芸「都美」）

●

デザイン——ビレッジ・ハウス
イラストレーション——楢　喜八
編集協力——川島佐登子
岩谷　徹
撮影——野村　淳
熊谷　正
ほか
撮影協力——工房炭俵「福竹」
工房いでん
米山歯科クリニック
炭幸舎
竹炭工芸「都美」
取材協力——毬菜美容室
ネットワーク裕
田村歯科医院
バイオカーボン研究所
恩方一村逸品研究所
伊藤了工務店
ほか

CHARCOAL LIFE

第1章

# 驚くべき炭の特性と効用

茶道用の池田炭（クヌギ黒炭）

# 白黒つかない炭の種類と特徴

ひと口に炭といってもさまざまな種類があります。原料となる木の種類や、やき方、産地、利用法、炭化温度などでも異なってきます。

## ●白炭

白炭《しろずみ》は木質が緻密なカシ、ナラ、クリなどブナ科の木材を炭材とします。長時間低温で炭化し、炭化工程の終わりに精煉（ねらし）をかけて一気に千℃前後の高温処理をします。真っ赤に燃え盛る炭を窯の外にかき出し、消し粉（土と灰を混ぜ合わせ、水で湿らせたもの）をかけて消火します。このとき消し粉が炭の表面について白く見えるので白炭と呼ばれるようになりました。

炭の表面は灰白色ですが、割ってみると鈍い鉛色のような金属光沢で、貝殻様の模様が見られます。叩くとかたく澄んだ金属性の音がします。灰にはカリウムも含まれており、火つきをよくするはたらきがあります。

秋田県の秋田白炭、宮崎県の日向白炭、木目の美しい利島《としま》の椿白炭などがあります。備長炭《びんちょうたん》は炭材にウバメガシを使ったもので、白炭の一種です。紀州備長炭、土佐備長炭などがあります。

## ●黒炭

黒炭《くろずみ》はナラ、クヌギ、カエデ、ブナなどの落葉樹、マツなどの針葉樹、スギ、ヒノキなどの間伐材など、どんな樹木でも炭材となります。

黒炭はおおむね四〇〇～八〇〇℃の温度で炭化します。精煉後（精煉をやらないこともある）、焚き口と煙突をふさぎ、窯を密封していわば窒息状態の窯の中で消火します。時間をかけゆっくり冷却すると良質の黒炭ができます。やき上がった炭には樹皮がついています。消し粉を使わないので表面は黒く、黒炭と呼ばれます。

ミズナラをやいた岩手切炭、クヌギを炭材とした茶道用の池田炭などが有名です。

黒炭(池田炭)

白炭(備長炭)

黒炭(岩手切炭)

黒炭の燃焼

### ●竹炭

竹炭《ちくたん》は主にモウソウチク、マダケなどを炭材としますが、篠・笹類も注目されています。燻煙処理することで乾燥時間を短縮し、割れのない竹炭をやくことができます。三日間は窯内の温度を六〇℃に保って燻煙し、次の三日間は炭材の位置を変えて、やきむらができないようにし、再び三日間燻煙します。その後四日間内部温度を二五〇℃に保ち、約五日間冷却します。

竹炭は木炭より炭化しやすく、珪酸《けいさん》が多く含まれるのでかたく濾過《ろか》性に優れる特徴があります。とくに高温で炭化した竹炭は吸着力が大変強いので、消臭や吸湿用途の利用が増えてきました。

### ●オガ炭

オガ炭は、流動炭化法の例を述べると鋸屑を乾燥させ圧力をかけ、表面を一五〇℃に加熱して固めた一種の薪《まき》オガライトを炭材に使い、工業的につくられます。

直径が約三㎝、長さは約五～一〇㎝で、中央部に穴が開いています。炭はかたくて火もちがよく、白炭に性質が似ています。

### ●平炉炭

平炉炭は主に炭化工場でつくられます。原料は鋸屑、樹皮や製材屑など。原料を広い床の上に並べて着火し、十分に火が回ったところで鋸屑をかけて炭をつくります。窯の構造や炭やき技術は簡単なので大量生産に向いています。平炉炭は木炭粉として活性炭や練炭《れんたん》の原料に使われていましたが、近年需要が激減し、新用途として土壌改良材など農業用に多く利用されるようになってきました。

### ●活性炭

活性炭の原料はヤシ殻炭や木炭粉です。薬品や水蒸気で活性化させ吸着力を強めてあります。

活性炭には粒状活性炭と粉末活性炭があります。粒状活性炭は粟粒から米粒の大きさのものが使われますが、用途によっていろいろな形状のものが利用されます。浄水、大気浄化濾過材などの用途に使われることが多く、液体、気体の通過抵抗が少なく吸着力が大きいことが要求されます。

オガ炭（成形炭）

竹炭（平炭タイプ）

粉炭（カーボン）

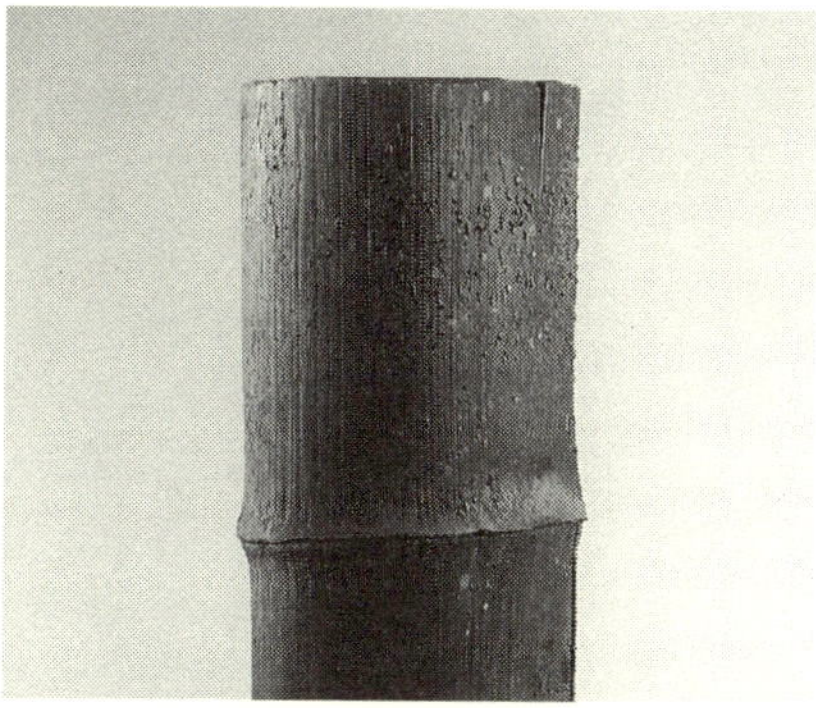

竹炭（円筒状）

粒状活性炭

竹炭（東南アジア産）

# 炭の成分と多孔質な組織構造

**●炭の成分**

炭は無定形炭素でできています。無定形炭素とはダイヤモンドや石墨のように明確な結晶状態をとらず、コークスなどと同じ種類のものです。炭の無定形炭素には不純物が多く、実態は炭素質化合物です。さらに、水素、酸素、灰分としてカリウム、カルシウム、ナトリウム、鉄、珪酸、アルミナ、マンガンなどの物質が含まれています。

**●炭の構造**

**黒炭**　表面に樹皮が残る外観が特徴で、断面には孔が多く、孔の直径は一〇~四〇μmあります。これをマクロの孔といいますが、黒炭ではこの孔がやや大きく、炭の壁がやや薄いという特徴があります。燃料として利用するとき、マクロの孔が大きいほど酸素が炭の内部に入りやすく、また、酸素と反応した二酸化炭素も速やかに排出されるので、火つきがよく、すぐに温度も上昇しますが、短時間で燃焼してしまいます。

**白炭**　白炭は対照的にマクロの孔が小さく炭の壁も厚い構造になっています。このため、燃焼の速度は遅いのですが、一定の温度で燃焼し、火ももちもよいという構造的な特徴があります。

**竹炭**　竹炭は珪酸を多く含みます。珪酸は多孔性なので吸着作用があります。その珪酸を多く含む竹炭は吸着性が他の木炭よりも優れています。また、熱分解の初期に蟻酸《ぎさん》などのかなり強い酸性成分を発生するので、炭化炉の材質には注意が必要です。

**●微生物のすみか**

炭を土壌に混ぜたり、埋設（埋炭）することで、土壌中の微生物を活発にするはたらきがあります。細菌の根粒菌や放線菌は炭の中で繁殖し、共生関係を持つ作物の根に活力を与え、生長を促進します。

クヌギ黒炭の断面

白炭（備長炭）の断面

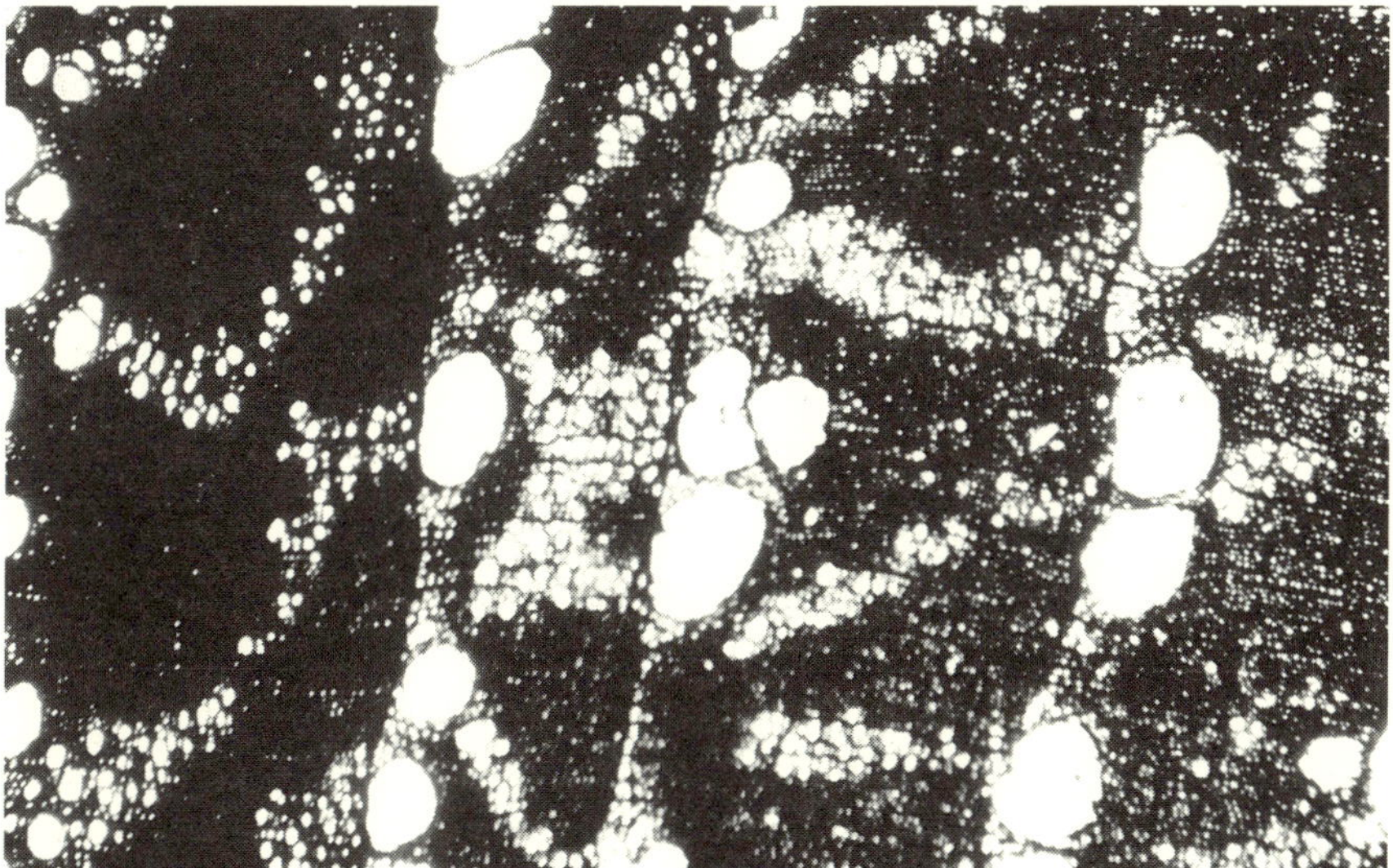

ナラ黒炭の断面（顕微鏡で拡大）

# 驚くべき炭の特性いろいろ

## ●炭の三要素

炭の特徴は樹木などを炭化した無定形炭素であること、炭化材に由来する微細孔構造を有すること、また少量のミネラル（灰分）を含むことです。

炭の多様な驚くべき特性はこれら三要素のいずれか一つ、または複数の要素からそれぞれに、あるいは複数の要素の組み合わせ（重畳）効果などによって発現されると考えられます（図参照）。

身近な事例について概説しましょう。

## ●吸着

炭は何でも吸着します。吸着には物理吸着と化学吸着とがあり、いずれも発熱を伴う現象です。

物理吸着は分子間引力などによる吸着で、吸着熱も小さく、加熱することで吸着したものを容易に離脱させることができる可逆的な現象です。

化学吸着は共有結合などによる吸着で、吸着速度は遅いのですが、吸着力が大きいので離脱しにくく、吸着場所にも選択性があるなどの特徴があります。

炭の微細孔は比較的に大きなマクロ孔と比較的に小さなミクロ孔とに大別することもできます。マクロ孔は異臭などの吸着物をミクロ孔まで導く役目をします。ミクロ孔が実際に物を吸着します。これはトンネルとトンネルの中に仕掛けられた落とし穴にたとえることができます。

トンネルが狭ければ獲物を効率よく誘い込むことができません。落とし穴よりも獲物が大きければ獲物を捕らえることはできません。落とし穴よりも獲物が小さければ、一つの落とし穴で多数の獲物を捕らえることもできます。

このたとえから、炭の微細孔の大きさと吸着されるものとの間には最適な関係があることがわかります。吸着されやすいものと吸着されにくいも

〔炭の3要素と主な機能〕

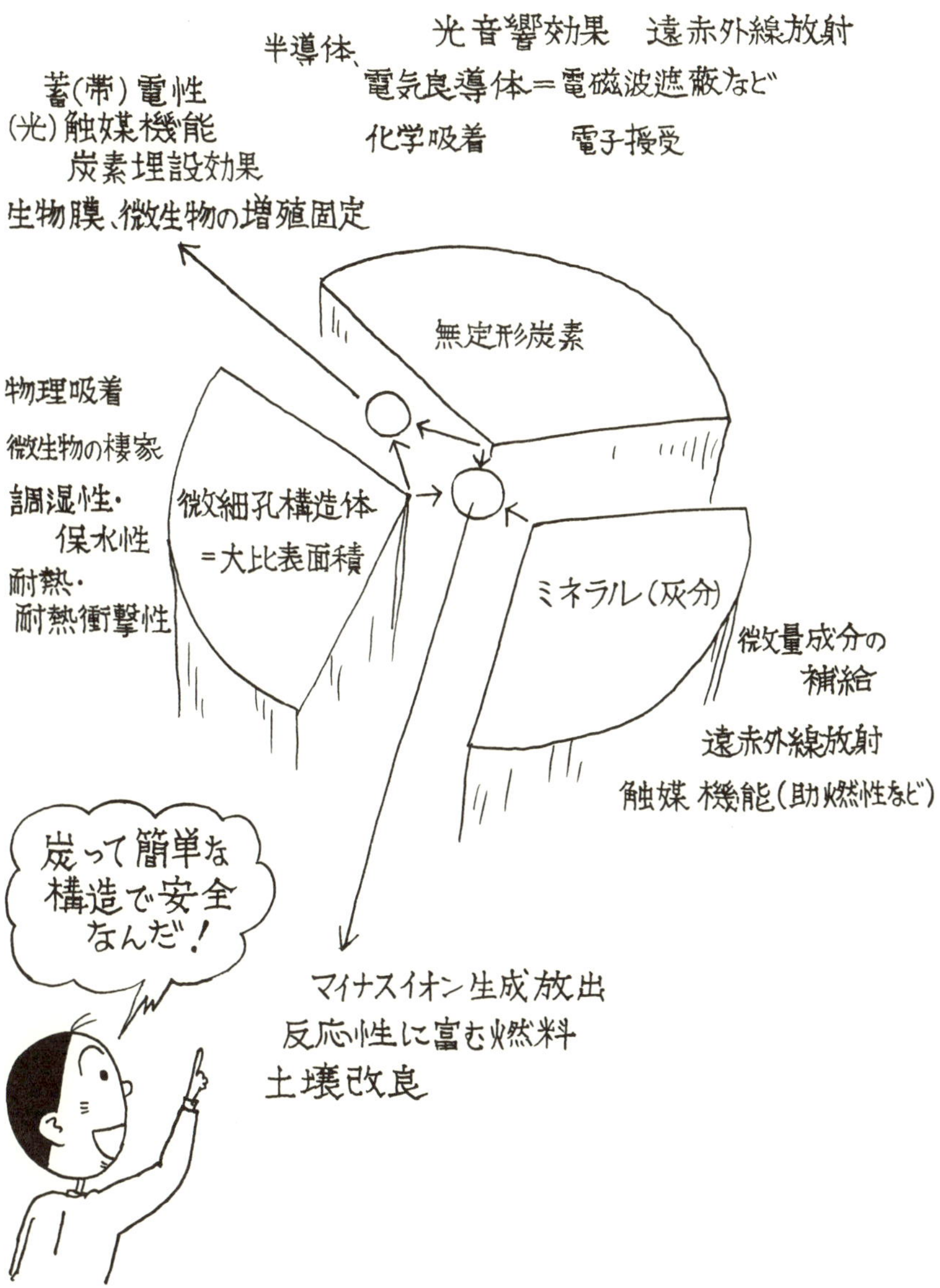
光音響効果　遠赤外線放射
半導体、
電気良導体＝電磁波遮蔽など
化学吸着　電子授受
蓄（帯）電性
（光）触媒機能
炭素埋設効果
生物膜、微生物の増殖固定
無定形炭素
物理吸着
微生物の棲家
調湿性・
保水性
耐熱・
耐熱衝撃性
微細孔構造体
＝大比表面積
ミネラル（灰分）
微量成分の
補給
遠赤外線放射
触媒 機能（助燃性など）
炭って簡単な
構造で安全
なんだ！
マイナスイオン生成放出
反応性に富む燃料
土壌改良

のとがあり、吸着されやすいものが選択的に吸着濃縮されることがわかります。大きな比表面積＝吸着量が多い、ということにはなりません。

炭は自分の体積の何十倍ものガスを吸着できます。これはガスが液化すると数百分の一に体積が減少するので可能なのです。沸点が高いガス（蒸気）ほど、分子量が大きなものほど吸着されやすい性質があります。

炭には調湿作用があります。湿度の高いときは湿気を吸着し、逆に低いときは湿気を放出します。この調湿作用は半永久的に持続します。

炭化温度によって炭の表面の官能基が変わります。低温では酸性の基が多く、高温になるに従い塩基性となります。炭は酸性からアルカリ性に変わっていきます。物理吸着に対して化学吸着の占める割合はわずかですが、イオンの吸着、重金属の吸着などに関して大切なはたらきをします。

### ●電子・マイナスイオン

酸素と結合することを酸化、逆に酸素が奪われることを還元といいます。一般的（広義）には電子を放出することを酸化、電子を受け取ることを還元といいます。

電子はマイナスの電気を帯びています。原子や分子の多くは電気的に中性です。当然、電子を放出した原子や分子はプラスイオンになり、逆に電子を受け取った原子や分子はマイナスイオンになります。

樹木の主要成分はセルローズ（約四五％）、ヘミセルローズ（約二五％）、リグニン（約二五％）、微量成分、少量のミネラル（約五％）です。セルローズなど有機化合物は炭素、酸素、水素などの元素からできています。樹木は空気が十分にあれば燃え尽きて（酸化して）しまい、ミネラルだけが残ります。

炭をやく状態を考えてみましょう。炭は空気（酸素）が非常に少ないか、あるいはまったくない状態で樹木を熱分解させてできたものです。多様な化合物の生成や複分解などによって酸素や水素の多くは失われてしまいます。

パートナーを失った炭は酸素に飢えた状態、あ

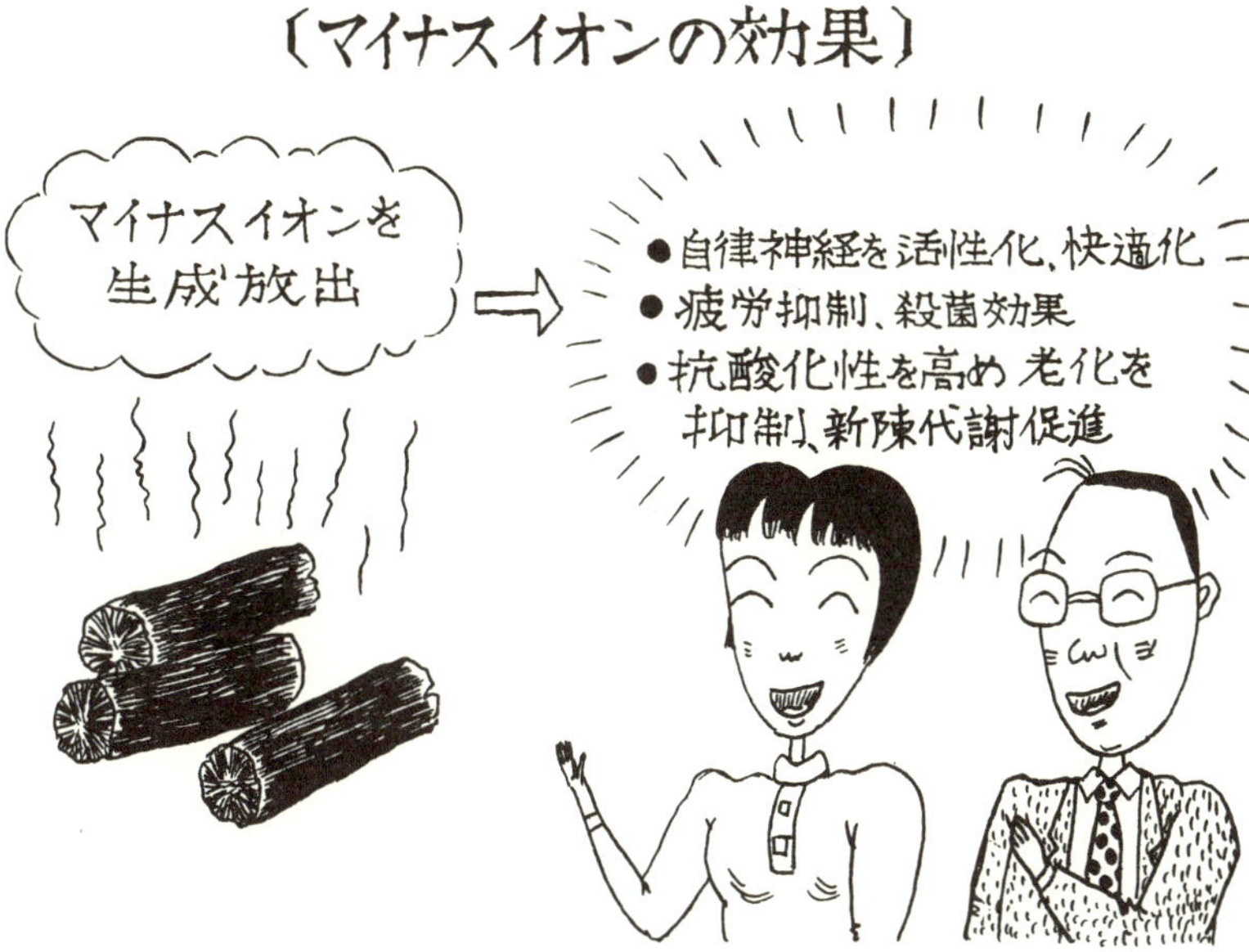
〔マイナスイオンの効果〕
マイナスイオンを
生成放出
●自律神経を活性化、快適化
●疲労抑制、殺菌効果
●抗酸化性を高め 老化を
抑制、新陳代謝促進

るいは電子を与えたがっている状態にあります。炭自身が酸化されやすい状態、すなわち相手を還元しやすい状態にあります。炭が無定形炭素の中で最も活性で、多様な機能を発現でき、還元性に富むのはこのためです。

炭は一酸化炭素を生成しやすく、すべての金属酸化物を還元することができます。古来、金属精錬には炭が使われてきました。たとえば、製鉄は不純物が少なく、還元性・反応性に富む炭なくしては実現不可能な技術であったといえましょう。

高温で炭化した炭ほど微細な黒鉛が混在している割合が多くなります。黒鉛層間を結びつけているのがπ電子です。電子供与という視点からはこのπ電子、自由電子が重要な振る舞いをしているものと考えられます。

炭からはマイナスイオンが生成放出されていることが確かめられています。しかし、詳しいメカニズムはまだわかってはいません。放出されるマイナスイオンは一$\mathrm{cm}^3$あたり数十個から数百個といわれています。大気中の酸素や窒素分子の数に比

〔微生物の大コーラスは増殖誘導促進シグナルだ！〕

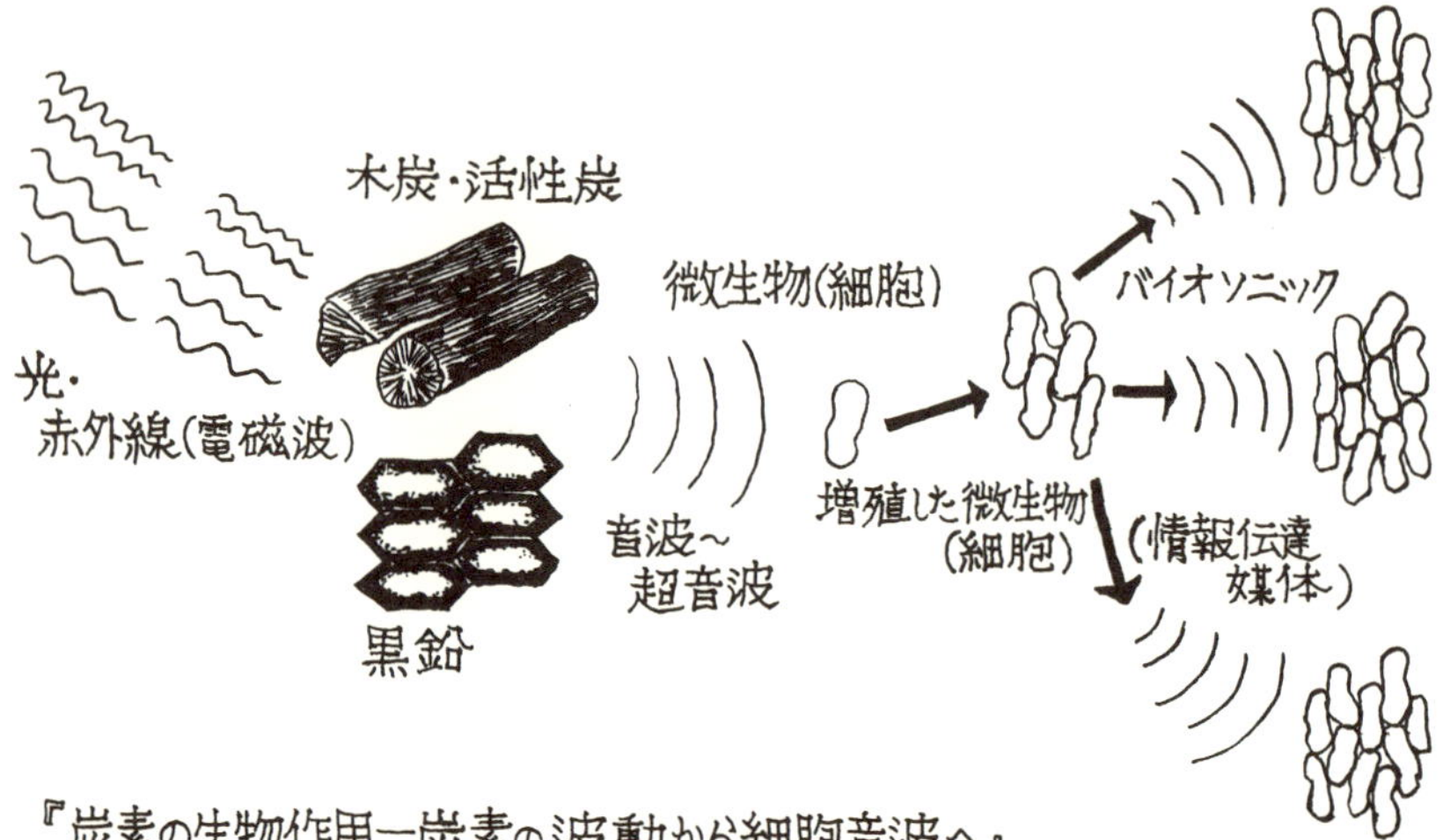


『炭素の生物作用―炭素の波動から細胞音波へ』
炭素 No.184（1998）松橋、遠藤の解説より加工作成

べれば微々たるものですが、この「電子が過剰なマイナスイオン」は重要なはたらきをすることがわかってきました。電子は活性酸素を中和し普通の酸素に戻すことができます。電子は抗酸化性を高め、老化を抑制するはたらきもします。

マイナスイオンは生体イオンなどとも呼ばれ、細胞や自律神経を活性化し、新陳代謝を促します。大脳を刺激して快適感をもたらし、大脳疲労・体の蓄積疲労を抑制し、血圧・脈拍の上昇を安定させるように作用することなどが医学的に確認されています。殺菌効果、腐敗抑制効果も知られています。

### ●炭と（超）音波

東海大学の松橋教授らは木炭、活性炭、黒鉛などに光（電磁波）が当たるとそのエネルギーが音波～超音波に変換される「光音響効果」を見いだしました。この音波～超音波が微生物に放射されると微生物が増殖を始め、微生物は新たな音波～超音波（情報媒体としてのバイオソニック）を発し、これを受け取った他の微生物がさらに増殖

します。このようにして加速度的に微生物が増殖することが確かめられたのです。薬品、農薬などでストレスを与えられた微生物にはとくに効果的である、とのことです。

河川、家庭の汚水・雑排水などの浄化に木炭が、浄水場では活性炭が使用されています。木炭、活性炭、活性炭素繊維には微生物がすみつき、その表面には生物膜が形成されます。炭などに吸着したものを微生物が分解するので、見かけの物理吸着量が飛躍的に増大し、「炭の交換不要」の例もあります。

炭ではありませんが、炭素繊維は生物親和性が高く、「微生物呼び込み作用」などにより微生物、藻、汚泥などが大量に固着します。水環境の修復などへの応用が期待されます。

## ●遠赤外線効果

赤外線とは波長〇・七六μmから一㎜の電磁波の総称です。可視光線よりも波長が長く目には見えませんが、熱作用が大きい性質があります。波長により性質が異なるので、たとえば可視光線の赤色に近い比較的波長の短いものを近赤外線、逆に波長の長いものを遠赤外線などと区分します。

遠赤外線は空気中をよく透過しますが、水中ではほとんど透過することができずに吸収されてしまいます。遠赤外線は水の分子（H－O－H）に複雑な振動を与え、水素結合を切り離して水の分子集団を細かくするなどの作用があります。

炭は遠赤外線の優れた放射体でもあります。遠赤外線が体に当たれば温熱効果により体を温め、血行をよくし新陳代謝を促します。炊飯に使用すれば水の分子集団を細かくして熱の通りをよくし、調理効果を上げます。ごはんの黄ばみ、味の低下を抑制し、日もちもするようになります。

遠赤外線は衣食住にかかわる身近なものから動植物の成長促進効果、食品の改質・保存・調理効果、抗菌殺菌効果、健康や予防治癒効果などに関して広い分野で研究開発が行われています。遠赤外線の持つエネルギーは微弱ですが、大きなはたらきが期待されます。

これら遠赤外線の放射源の多くは高効率遠赤外

線放射体（セラミックスなど）などです。炭から放射される遠赤外線でも定量的な差はともかく原理的には同様な効果が期待できましょう。

**●電磁波遮蔽**

電波法施行規則が一九九九年十月に改正施行され「生体への電波防護のための基準」が制度化されたことは注目に値します。目的外のいわゆる不要電波にさらされることは避けたいものです。

千℃以上で炭化した木炭・竹炭などと樹脂とでつくった炭素複合材は高導電性であり、広い周波数範囲にわたって金属と同等以上の電磁波遮蔽《しゃへい》特性があります。これとは別に、備長炭をスポンジに含浸させた電磁波遮蔽材なども発売されています。

炭は金属に比べて軽く、室温では化学的に安定です。粉末にすることでシート状などへの加工も容易となります。炭は安全でメンテナンスフリーの電磁波遮蔽材として注目されています。

**●ミネラル補給**

樹木は水や肥料のほかに生命活動に必要ないろいろなミネラルも吸い上げます。炭化することでミネラルは濃縮され、炭には一～三％含まれています。樹木を水中に投げ入れてもミネラルは溶け出しません。しかし、高い温度で炭化するほどミネラルは水に溶け出しやすくなります。

低い温度ではミネラルは官能基と化学結合したり組織の中に閉じ込められたりしています。高温となることで官能基が壊れ、化学結合が解き放されます。一方、高温になるほど黒鉛化が進むのでミネラルは組織の外に押し出され、溶出しやすくなります。

**●土壌改良**

木炭（黒炭、白炭、籾殻炭）、泥炭などは政令で定められた土壌改良資材でもあります。炭は肥料ではありません。炭（粒径〇・一～二㎜程度）を土壌に混入することで微細粒子の固結を抑え膨軟な隙間の多い土壌になります。透水性、通気性が改良され、しかも炭自身の吸水により保水性などが改善されます。

炭の施用により高温殺菌されたミネラルなどの

微量成分が補給されます。炭化温度により炭のpHが異なるので、土壌pHの調節もできます。炭の微細孔は根粒菌、VA菌など有用微生物のすみかにもなります。炭には微生物増殖固定特性があります。バーク炭など表面の粗い炭が増殖によく、すみかとしても適しています。

連作障害対策には拮抗性放射菌を固定したオガ屑炭、カラマツ炭がよいとされています。微生物との共生も大切で、炭は微生物調整材としての利用も研究されています。

炭は過剰な肥料、農薬、有害な重金属などを吸着します。炭に環境ホルモンを分解する微生物を固定することもできます。炭にはこのように土壌環境の修復改良も期待できます。炭マルチで地温を高めたり雑草を抑えたりすることもできます。

## ●炭素埋設効果

住宅、畜舎、工場などの敷地、圃場《ほじょう》などに木炭、活性炭、オガ炭などを埋設することを炭素埋設とか埋炭などといいます。多くは幾何学的なパターンで一定量の木炭などと土とを混ぜ合わせて埋設するものです。

物理学者、楢崎氏は植物の生長はマイナスイオン、根元周辺の大地電位などに大いに関連があるとし、炭素埋設による大地電位の調節法を示しています。その効果は半永久的であるとしています。

北海道開発局が行った炭素埋設実験では圃場の電位が変化し、結果として農作物の増収が見られたことなどが報告されています。

炭は電気の良導体でもあり、また蓄（帯）電性もあります。何らかの理由で、電池が形成されたり、あるいは埋炭点をキーポイント（電極）とする大地の電気回路が形成されるものとも推測できます。電位分布があれば電気が流れ磁場が生じます。総じて、水分子集団を細分化し、電位分布を改善し、マイナスイオンを生成放出、蓄積することなど生物に好都合な現象がもたらされると考えられます。低周波の微弱な電気や磁気はそれぞれ単独であっても生命体に好ましい影響をもたらすことも知られています。さらなる解明が待たれます。

（山井宗秀）

# スミにおけない炭の新用途

## ●新しくよみがえる炭

炭は家庭で調理や暖房の貴重な熱源として活躍していましたが、都市ガスやプロパンガス、石油などの利用が進み、一九五〇年ころを境にあまり利用されることがなくなりました。しかし、最近になって再び注目を浴びるようになりました。

## ●燃料用炭

食生活が豊かになり、本物志向が求められるようになりました。ガスや電気で焼き物をしたのではおいしく焼き上がりません。焼き物は炭で焼いてこそ焼き物本来のおいしさが味わえると、飲食店はもとより、家庭でも炭による調理が復活しつつあります。

炭の燃焼は表面燃焼という形で表面の炭素だけが燃えるので、炎がほとんど出ません。表面燃焼では、風を送るだけで燃焼が進み、温度も一気に上がります。コークスなども表面燃焼ですが、灰分が多く、かなりの通気をしないと燃焼しません。炭は灰分が少ないので燃焼しやすいのです。

放射熱で外部から熱するほか、近・遠赤外線のはたらきで内部からも加熱することができます。このはたらきのおかげで、肉、魚介類、野菜などのうまみを逃がさず焼くことができます。

## ●新用途いろいろ

燃料用途以外にも炭の持つ優れた性質を利用し、家庭用の新用途炭として、飲料水用、炊飯用、風呂用、水処理用、土壌改良資材用、住宅床下調湿用、鮮度保持用、消臭用、寝具用など、幅広く使われています。

これらは炭の持つ吸着作用や、ミネラル効果を利用しています。飲料水用には、水道水などに含まれる殺菌用の塩素や、河川の水質汚濁により、上水道施設でも除去しきれないメタン類を取り除いています。さらに炭が持つミネラル分を飲料水

備長炭でウナギを焼く

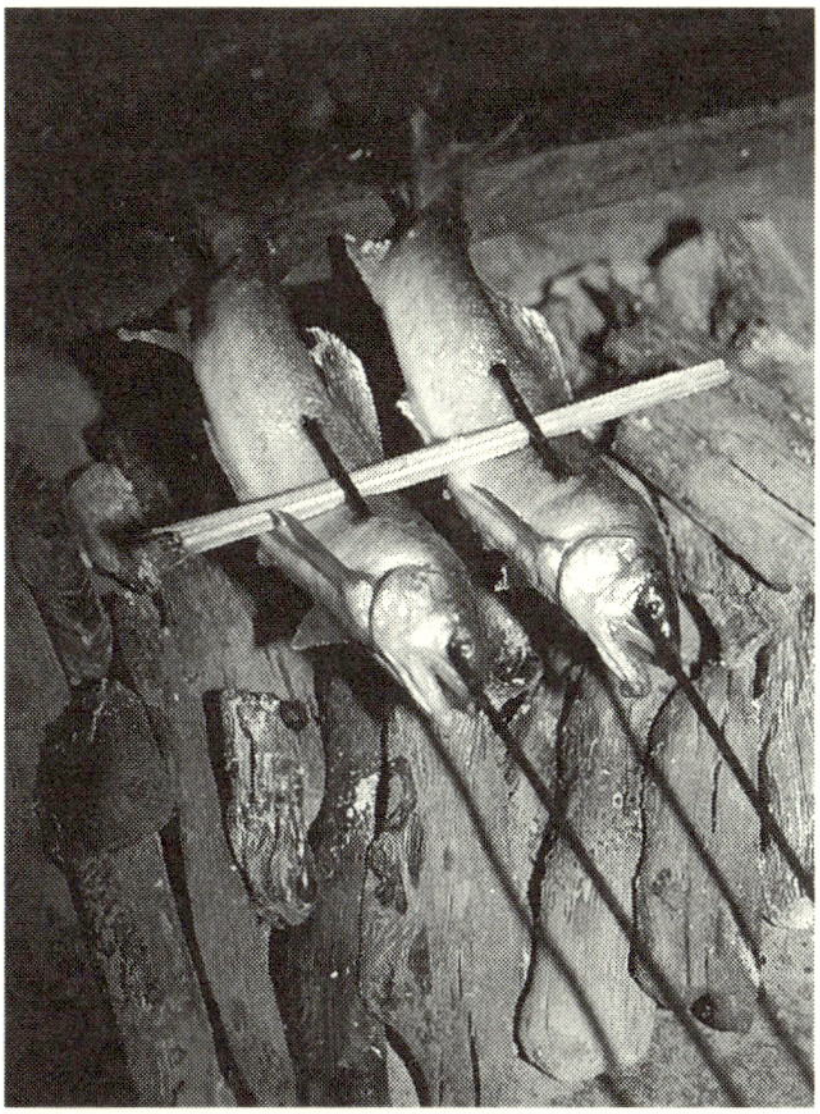
備長炭でアユを焼き始める

調湿炭（埼玉県上福岡市）

備長炭の風鈴（茨城県水府村）

に溶かし出し、おいしい水に変えていきます。

## ●家庭生活に利用できる炭

炊飯用には、備長炭などの白炭を炊飯器に入れることで米の糠くささが取れます。炊飯時、備長炭の出す近赤外線のはたらきで米粒の中からも加熱され、炭のミネラル分が溶け出し、ごはんがおいしく炊き上がります。また、残ったごはんも腐りにくくなります。

風呂用としては白炭を使います。炭に含まれているミネラル成分がお湯の中に溶け出して温泉のアルカリ泉とよく似た性質になります。水道水に含まれる塩素など肌に刺激を与える物質も吸着して取り除き、肌に当たりのよい湯になります。

日本は四季の変化とともに大きく気候が変わります。夏は高温多湿、冬は異常乾燥と湿度の変化が大きく室内でも湿度の影響を大きく受けます。快適な生活のために床下に調湿材として炭を使うと、吸湿や調湿の効果があり、床下のカビや木材が腐るのを防いだり、シロアリの発生を抑えたりします。

寝具としては枕や布団、マットなどに利用され、吸湿作用や消臭効果で、睡眠中に出る汗や体臭を吸い取り、快適な眠りを助けます。マットに炭を使うことにより、体温で温められた炭から遠赤外線が出て体の末梢部まで温めるので、冷え性の人でもぐっすり眠ることができます。

冷蔵庫に炭を入れると、生鮮野菜やくだものから発生し追熟を促進するエチレンガスを吸着するので、野菜・くだものの鮮度を保ちます。また、肉・魚介類から発生するアンモニアガスなどを吸着・分解するので、冷蔵庫内の悪臭がなくなります。室内で飼っているペットのにおい、下駄箱のにおい、車の中のタバコのにおいなどの消臭材としても効果があります。

## ●河川浄化にも有効

都市と周辺部では人口の急増で下水道の整備が追いつかず、生活廃水が河川、湖沼を汚染し、問題になっています。生活廃水の処理には吸着力に優れた炭を使うと効果が上がります。炭を敷き詰めた河川浄化の実例も数多く見受けられます。

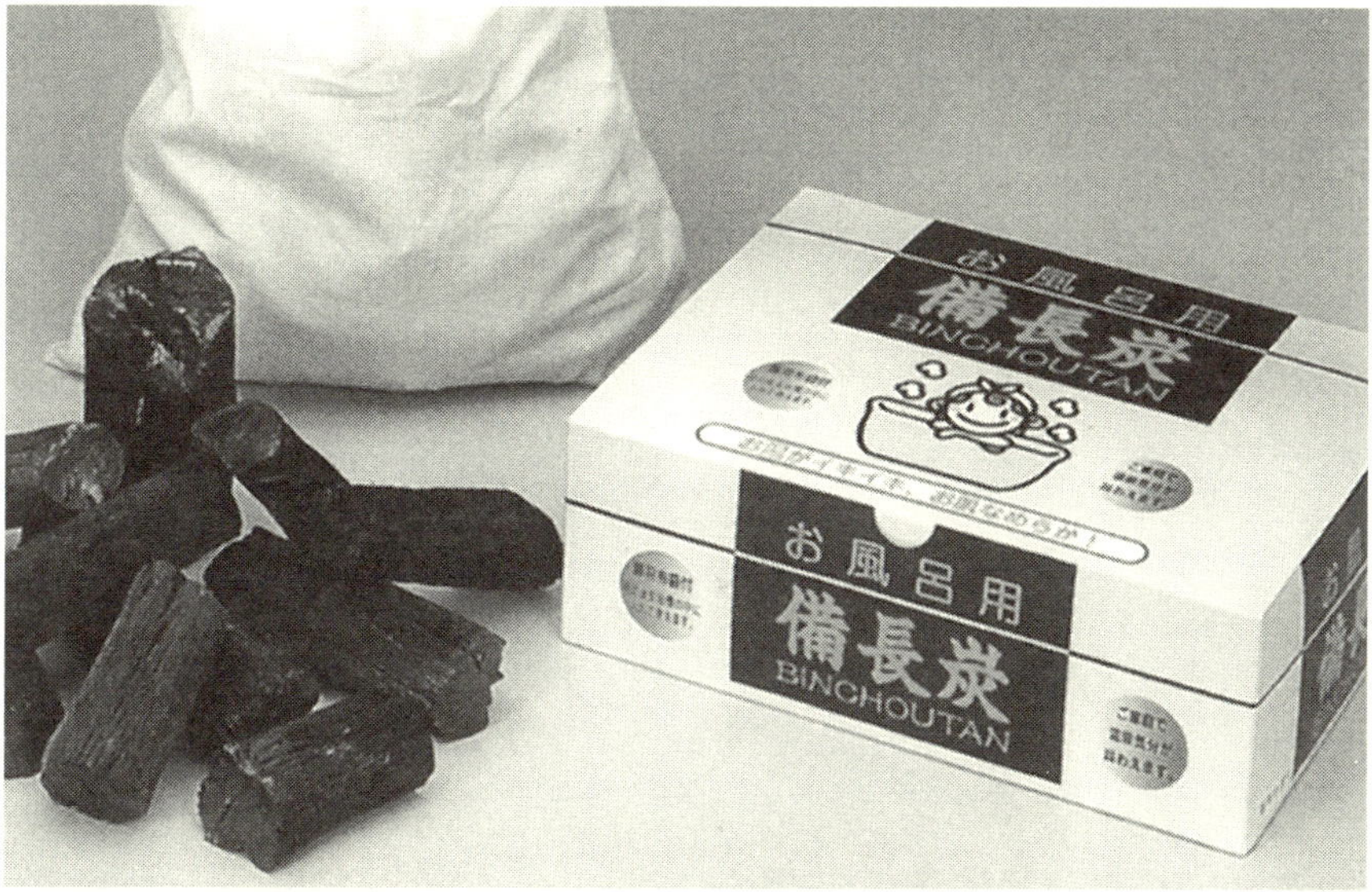


白炭のミネラル成分が湯に溶出。製品は増田屋（東京都大田区）

炭で水質浄化試験（長野県戸倉町）

床下に炭素を敷く（奈良炭化工業）

# 炭の上手な見分け方・求め方

## ●炭の見分け方

**白炭**　通常は表面に白い灰がついています。打てばカンカンというような金属性の音がします。炭は親指と人指し指でつまむような感じで持つのが音を聞き分けるコツです。同じかたさでも炭の寸法、形状、吸湿状態などにより音が変わるものです。聞き分けるには慣れが大切です。

破砕面（横断面）に貝殻状の模様が見られ、鉛色のような鈍い金属光沢を呈しています。①横断面に亀裂がなく、側面に樹皮が残っておらず縦裂・横裂・節穴がないこと、②炭素含有量が多くてかたく、見かけの比重が大きいことなどが見分け方のポイントです。炭素含有量は精煉度から推測できます。精煉度計がなければ、回路計（俗称・テスター）で電気抵抗を測り、用意したサンプルと比較して精煉度を推測することもできます。

一般に「よく精煉されたもの（電気抵抗の小さいもの）はかたく真比重も大きく品質も均一」です。かたさは車のキーなどで引っかいてみても、結構その差がわかります。備長炭など高温で炭化されたかたい白炭は、水に投入すると発泡しながら即沈みます。火もちがし（燃焼速度が小さく）、立ち消えせず、爆跳（炭が音を立て飛び散ること）しないこともポイントですが、これらは実際に使用してみなければわかりません。

**黒炭**　樹皮がしっかり密着しており縦裂・横裂がないこと、横断面には放射状（菊花様）の細い裂け目が一様に入っていること、破面が鈍い鉛色を呈していることなどが見分け方のポイント。

かたく、長手方向にも一様に炭化していること と、立ち消えせず、爆跳しないこと。持った手が汚れたり、打てば折れてしまうようなものはやわらかい炭です。トカゲ色の炭が最高の黒炭・竹炭とされています。

白炭（備長炭＝左）とナラ黒炭の表面

**竹炭**　黒いというよりは少し灰色がかった金属光沢を呈し、縦裂・横裂がないこと、真っ直ぐというよりは熱で少し反った感じのもの、軽い金属性の音がすることなどが見分け方のポイント。

**籾殻燻炭《もみがらくんたん》**　黒く光沢があってかたく、籾殻が原形をとどめていること、灰や未炭化の籾殻が混入していないことなどが見分け方のポイント。

## ●炭の求め方

浄水・炊飯用、調湿用、土壌改良用などいろいろな種類があるので、使用目的に合った炭をまず必要量だけ購入しましょう。粉末状の活性炭は発火のおそれがあるので買わないほうが無難です。

ひと口に炭といっても千差万別です。並べてみるとその差がわかるものです。いろいろな炭を見て目を肥やすことがまずは大切です。

防腐処理、防蟻処理した廃材などをやいた炭は要注意です。ビニール袋に結露が見られるものは乾燥不十分な炭です。できれば懇意の炭やきさんから直接、あるいは信用のおけるしかもよく売れる販売店などで買うのが無難です。　（山井宗秀）

# 炭の取り扱いと使用後の再利用

## ●炭には洗剤を絶対に使わない

浄水・炊飯用、室内脱臭用などとして購入した炭は、まず流水でよく洗います。

とくに注意することは洗剤は絶対に使用しないこと、長時間水につけっ放しにしないことです。炭に吸着された洗剤が離脱し、洗剤を食べることにもなりかねないので大変危険です。水につけっ放しにするとミネラルが失われてしまいます。

白炭などを多量に洗う場合は、亀の子タワシではすぐにすり減ってしまいます。できれば塗装屋さんが錆落としに使う金属性のブラシで、炭の表面をブラッシングします。芋洗いのようなことはせず、一本一本ていねいに扱いましょう。

素手で炭を扱うと皮膚がすり切れて出血することもあります。炭をつかむ手にはゴム手袋をはめ、その上にさらに軍手を着用します。軍手がゴム手袋を保護するのでゴム手袋が長もちします。

洗った炭は軽く陰干しし、天日でよく乾燥させます。炭を握って「冷たく感じる」うちは、まだ水分が蒸発している証拠で、乾燥不十分です。炭が熱く感じられるまで天日干しします。乾燥が始まると炭からピ～ン、ピ～ンという音が出ます。時間があればさらに一、二日は乾燥させたいものです。

脱臭、調湿用などは陰干し、天日乾燥後そのまま使用できます。調理用などは十分間以上煮沸し、滅菌してから使用します。

浄水・炊飯用など水洗し天日干しした炭は密封状態で保管したいものです。チャックつきのビニール袋を使用するときは余分な空気をできるだけ押し出すようにします。

## ●使用後の炭の再利用

炭は正しく使わなければその特性をうまく引き出すことはできません。炭は使う順序が大切で、

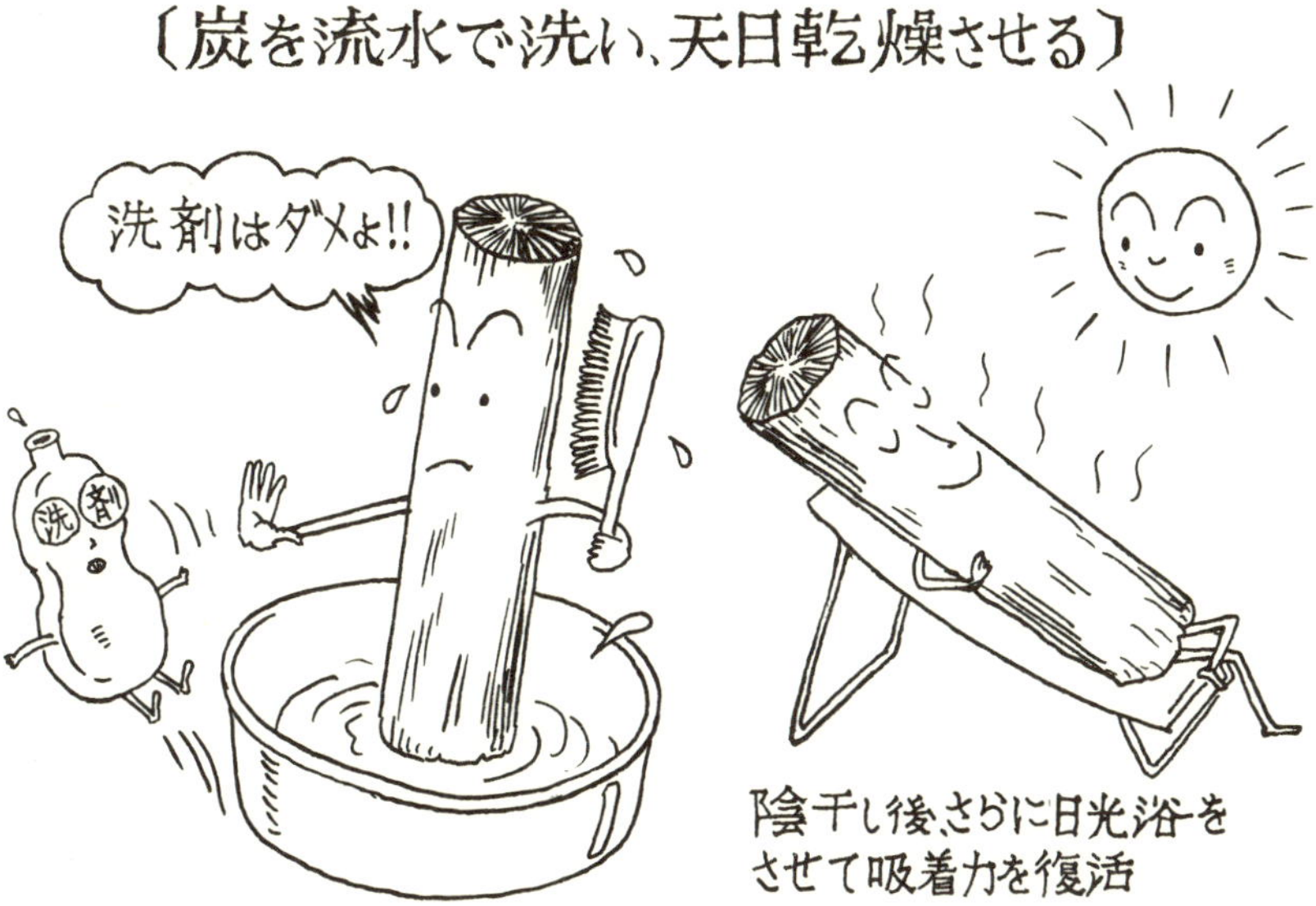
〔炭を流水で洗い、天日乾燥させる〕
洗剤はダメよ!!
洗
剤
陰干し後、さらに日光浴を
させて吸着力を復活

使い方次第で有効に再利用することもできます。

水道水の浄化や炊飯に使用したものはミネラルが溶出し、少なくなっています。したがって、風呂や洗濯用として再利用するときは二週間くらいが適当です。風呂・洗濯用や脱臭用として使用した炭を浄水・炊飯用に再利用することはできません。

炭の再利用にあたっては再生（吸着力の回復）作業も必要です。炭を水洗いして天日乾燥後、できれば不要となった鍋やフライパンで空やき（高温に加熱）して吸着力を再生させます。再生作業は屋外で風上に立って行います。処理量が多ければ専門の業者に依頼する手もあります。

吸着力を再生させた炭はトイレや車の脱臭用、押入や書庫などの調湿用として使用できます。

トイレや冷蔵庫で使用した炭は燃料として使用してはいけません。強烈な悪臭が集中的に発散します。これを吸うことは衛生上も問題です。いずれにしろ最後は砕いて園芸・家庭菜園、埋炭用、雑排水浄化などに利用します。

（山井宗秀）

# 炭の兄弟、木酢液の特性と利用法

## ●木酢液は炭の副産物

炭材を密閉した状態で加熱すると、焦げくさい煙が発生し、のちに炭が残ります。煙は炭材の熱分解によるさまざまな成分を含んでいます。この煙を回収して冷却すると、水溶性の液体と油性の物質に分かれます。これが木酢液、竹酢液といわれるもので、炭やきの過程で回収され、いろいろな用途に利用されます。

## ●木酢液の成分

木酢液には八〇〜九〇％の水分と酸類として酢酸、蟻酸、プロピオン酸など、アルコール類としてメタノール、ブタノールなど、中性物質としてアセトンなど、フェノール類として約三百種類以上の物質が含まれています。酢酸が主成分なので、木酢液と呼ばれています。リグニンという繊維物質の分解産物である石炭酸も含んでいます。また、炭材の種類によっても成分は変化します。

## ●木酢液の特性

木酢液のｐＨ値は三で、酸性を示し、この値は食用酢と同程度です。木酢液特有の焦げたようなにおいは、酢酸、メタノール、ホルムアルデヒドやフェノールなどの成分によるものです。木酢液の主成分である酢酸には、魚や動物の悪臭のもとになるアンモニアを中和する作用があります。

## ●木酢液の利用法いろいろ

木酢液が利用されだしたのは、日本では明治の初期といわれています。当初、たいした利用法はなかったのですが、近年、研究が進みさまざまな利用法が開発されました。工業用途、農業用途のほか医療用途と幅広く利用されています。

私たちの生活の身近なところでは、食品の加工にも使われています。ハムやソーセージなどの燻煙製品の燻蒸液として、魚肉や畜肉の生ぐささを木酢液が分解します。これは、木酢液の抗酸化性

〔木酢液の精製法＆利用法いろいろ〕

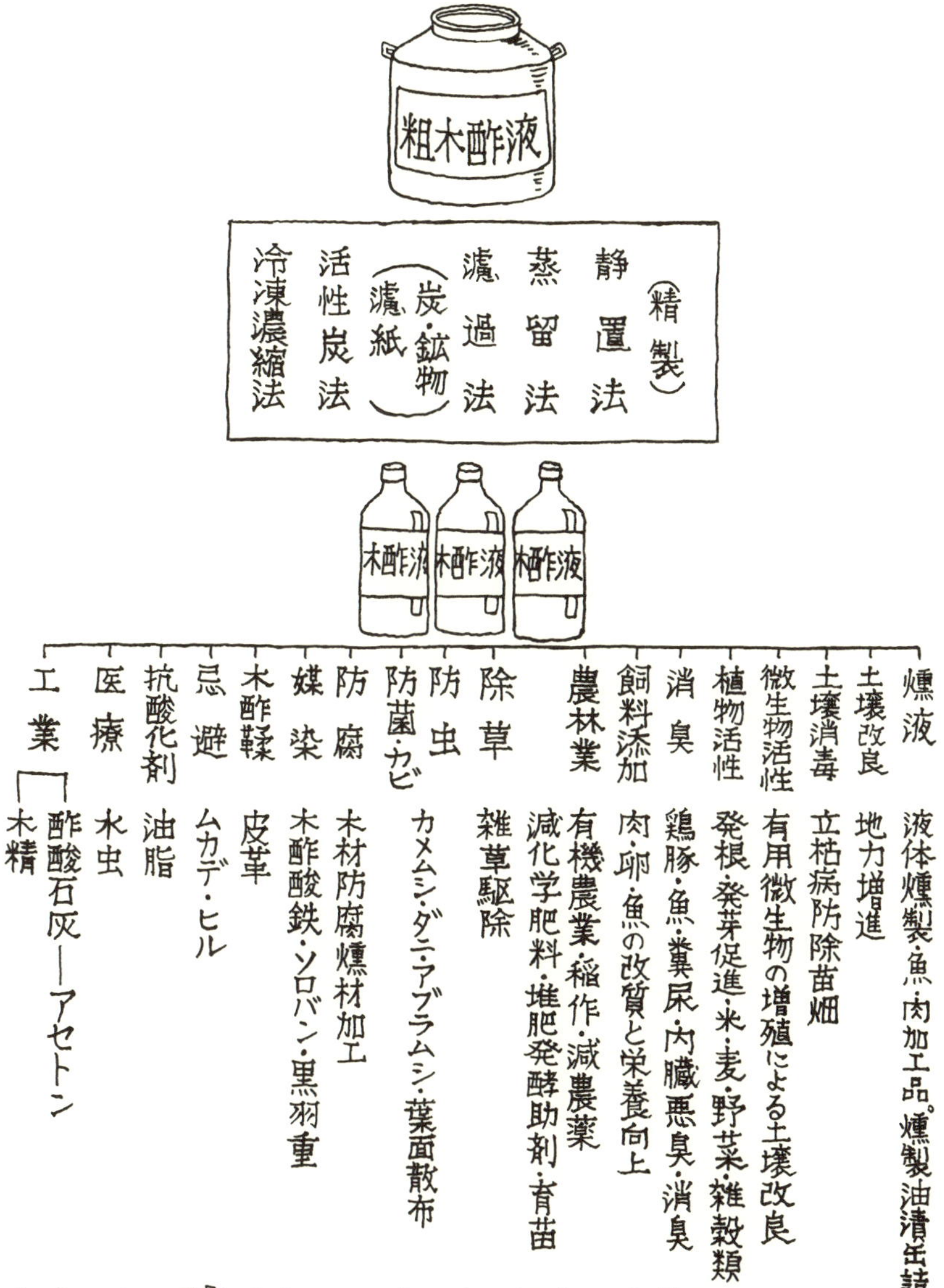


杉浦銀治編著『木酢液の不思議』（全国林業改良普及協会、1996年）より

や抗菌作用を利用したもので、最近では燻蒸液の使用は少なくなってきました。

　農業用途でも、農薬の有害性に対する関心が高まっています。木酢液には土壌の殺菌効果があり、農薬のように残留薬害がないことなどから注目を集めています。また、土壌改良材として、適切な濃度の木酢液はホルモン的な効果があり、作物の根張りをよくする効果が認められます。

　環境衛生的な用途にも大量に利用されています。この利用は日本独特のもので、他の国々には見られません。現在はこの用途に利用されることが一番多く、主に消臭の分野で活躍します。とくに生物臭や、し尿臭、発酵臭などの生物が発するにおいの消臭に効果があります。工業的な原因で発生する臭気にはまた別の消臭材を使います。生物臭の原因もアンモニア臭、硫化水素臭、発酵臭などが複雑に絡み合うので、単一の消臭材では無理があります。木酢液は多くの成分が含まれていますから、複雑な臭気の消臭に適しています。

　木酢液に含まれる酢酸などの有機酸はアンモニア臭を分解します。硫化物臭はグリオキザル、発酵臭はフェノール成分が抑制し、総合的に消臭効果を発揮します。

　飼料に添加し家畜の健康管理を行うという例もあります。残飯を飼料にしていた豚舎で、残飯飼料に木酢液を一・五％混入して豚に与えたところ、残飯の臭気がなくなり、餌つきがよくなり、糞の臭気も少なくなり、ハエ等の害虫も少なくなったという報告もあります。同様に鶏舎でも受精率が向上したという統計例もあります。

　木酢液には大腸菌、赤痢菌、チフス菌などの殺菌作用と防カビ作用があります。皮膚への浸透作用も強いので、水虫などのカビが原因となる皮膚疾病に効果があります。実験段階ですが、肝臓の解毒作用や尿酸の毒性を抑制するはたらきがあることがわかっています。しかし、生活に密着して木酢液を利用する場合、十分に精製してタール分を除去しないと有害となることがあります。

　自然の中からつくり出された木酢液は、今後さらに多用途に利用されるでしょう。

CHARCOAL LIFE

# 第2章

# 炭で住まいを快適空間に

炭入りクッション(米山歯科クリニック)

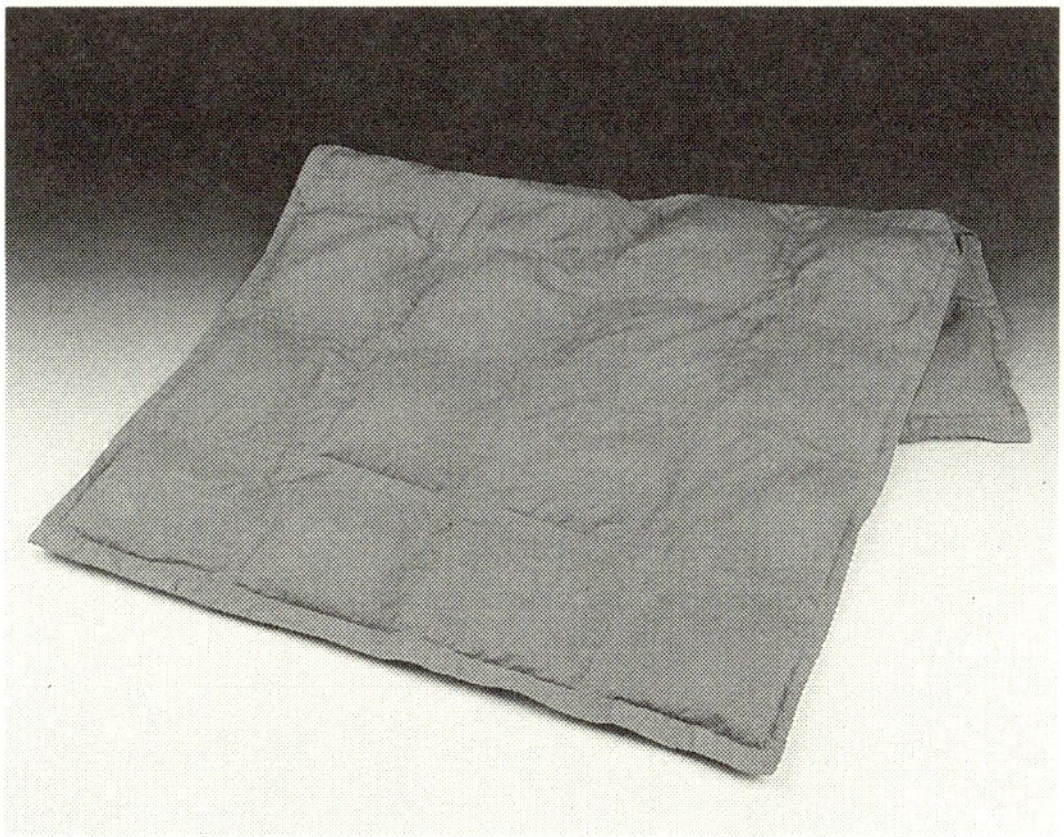

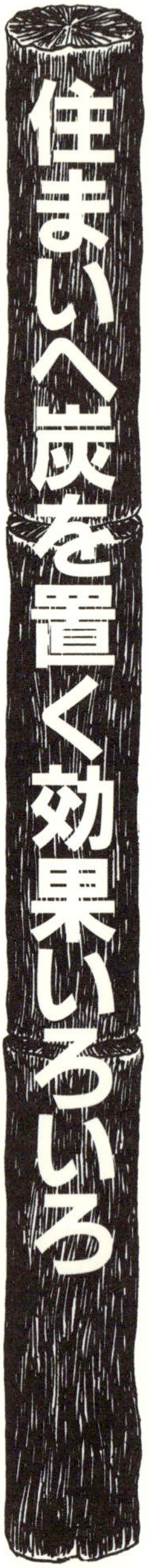

# 住まいへ炭を置く効果いろいろ

### ●炭は置物に最適

最近、炭を生活燃料以外の用途で家庭内に置くことが多くなってきました。炭の持つ不思議な黒さや神秘的な外観。そういったものが現代人の心に安らぎを与えるようです。

もっとも炭には新建材の臭気や排気ガスなど、人工的につくられ、排出されるプラスイオンを中和するマイナスイオン効果があります。住まいのさまざまな臭気や有害なガス、湿気などを吸着するからです。このような効果のある炭を家屋の中のいろいろな場所に置いておくとよいでしょう。

室内に置くには備長炭《びんちょうたん》などの白炭《しろずみ》や竹炭《ちくたん》などのかたい炭が適しています。黒炭《くろずみ》などのやわらかい炭は、表面が崩れて室内を汚すことがあります。

### ●室内は臭気のたまり場

玄関は人の出入りがあり、靴を脱いだりします。また、扉の開け閉めで外気も頻繁に入り、下駄箱の中は靴にしみ込んだ汗のにおいがします。

押入や洋服ダンスの中は衣類にしみ込んだ汗のにおいや、体臭、防虫剤のにおいなど。夏はさらに湿気が加わります。書斎や勉強部屋には書籍があり、通気が悪いとすぐにカビのにおいがします。

台所は、調理のにおい、生ゴミのにおい、冷蔵庫の中は肉類、魚介類、野菜、くだものの出す臭気でいっぱいです。また糠漬けなどの漬け物を自宅でつくっているとそれらのにおいもあります。

居間では、喫煙する人がいるとタバコのにおいが気になります。ペットを飼っていると、獣のにおいや、小鳥などでは排泄物のにおいも鼻につきます。トイレや風呂場なども排泄物やカビくさい湿気で満ちています。

このように家の中にはにおいのもとになるものや湿気のあるところがいっぱいです。炭を室内に置くことで、快適に暮らせるようになります。

〔空気中のイオン密度(個/cc)〕

| | マイナスイオン | プラスイオン | 健康度 |
|---|---|---|---|
| 海上 | 830 | 495 | 最良 |
| 山間地 | 692 | 670 | 良 |
| 郊外の住宅 | 114 | 170 | 悪 |
| 都心の住宅 | 101 | 150 | 悪 |
| オフィス | 38 | 43 | 最悪 |
| 地下室 | 117 | 279 | 最悪 |

『森林の力』(谷田貝光克監修、現代書林)より

〔マイナスイオンとプラスイオンの人体への作用効果〕

| 項目 | マイナスイオンの作用効果 | プラスイオンの作用効果 |
|---|---|---|
| 血管 | 拡張される | 縮まる |
| 血圧 | 正常になる | 高くなる |
| 血液 | アルカリ性傾向になる | 酸性傾向になる |
| 骨 | 丈夫になる | もろくなる |
| 尿 | 利尿作用が促進され、排泄される尿素量が増加する | 利尿作用が抑制され、排泄される尿素量が減少する |
| 呼吸 | 静減し楽になる | 促進し苦しくなる |
| 脈拍 | 減少させる | 増加させる |
| 心臓 | 働きやすい | 働きにくい |
| 疲労 | 回復を促進する | 回復が遅れる |
| 自律神経 | 自律神経を安定化する | 自律神経を不安定化させる |
| 発育 | 促進し良好 | 不良、遅延 |

『週刊医療レポート』No.1007別冊('90.11.19,医療タイムス社)より

# 住まいへの上手な炭の置き方

## ●置き炭と効果的な置き場所

最近の住宅は昔に比べると機密性に優れている反面、自然換気ができなくなって、さまざまな生活の臭気で充満しているといっても過言ではありません。新築や改築の際には、新建材や壁紙を貼る接着剤や有機溶剤によるガスが発生します。日常生活でもタバコやペットのにおい、水まわりのカビくささなどあげればきりがありません。

炭は多孔質で、表面には内部へとつながる非常に細い孔がたくさんあります。その孔には気体や液体が通りやすくなっています。孔が多いということは内部面積が広いということです。孔の壁は吸湿性の高いセルローズなどの糖類と炭化水素のリグニンで構成されています。

住まいの中で炭を置く方法は置き場所や、消臭、吸湿、浄水などの目的によって異なります。置物や鑑賞用にする場合もあります。目に触れないところに置くこともあります。しかし、ただ炭を置いただけでは、一〇〇%効果は発揮されません。温度差や空気の重力で空気を動かす浮力換気を利用して、空気の流れをつくってやると、炭の効果は倍増します。

## ●炭を玄関と下駄箱に

外から家の中に入ったとき、その家のにおいが気になることがあります。家人は慣れているので気にしませんが、初めての人には気になります。玄関の飾り棚や壁面に花の代わりに炭を置いてみます。鑑賞炭としていろいろな形や大きさのものがあります。

下駄箱の中もにおいと湿気が多いところです。靴にしみ込んだ汗や皮脂腺から出る脂肪酸やコレステロールが酸化してさらに細菌分解したいやなにおいを取り除くには、備長炭を竹の籠などに数本入れて下駄箱の棚に置きます。下段に置くほう

〔スミにおけない炭を置く〕

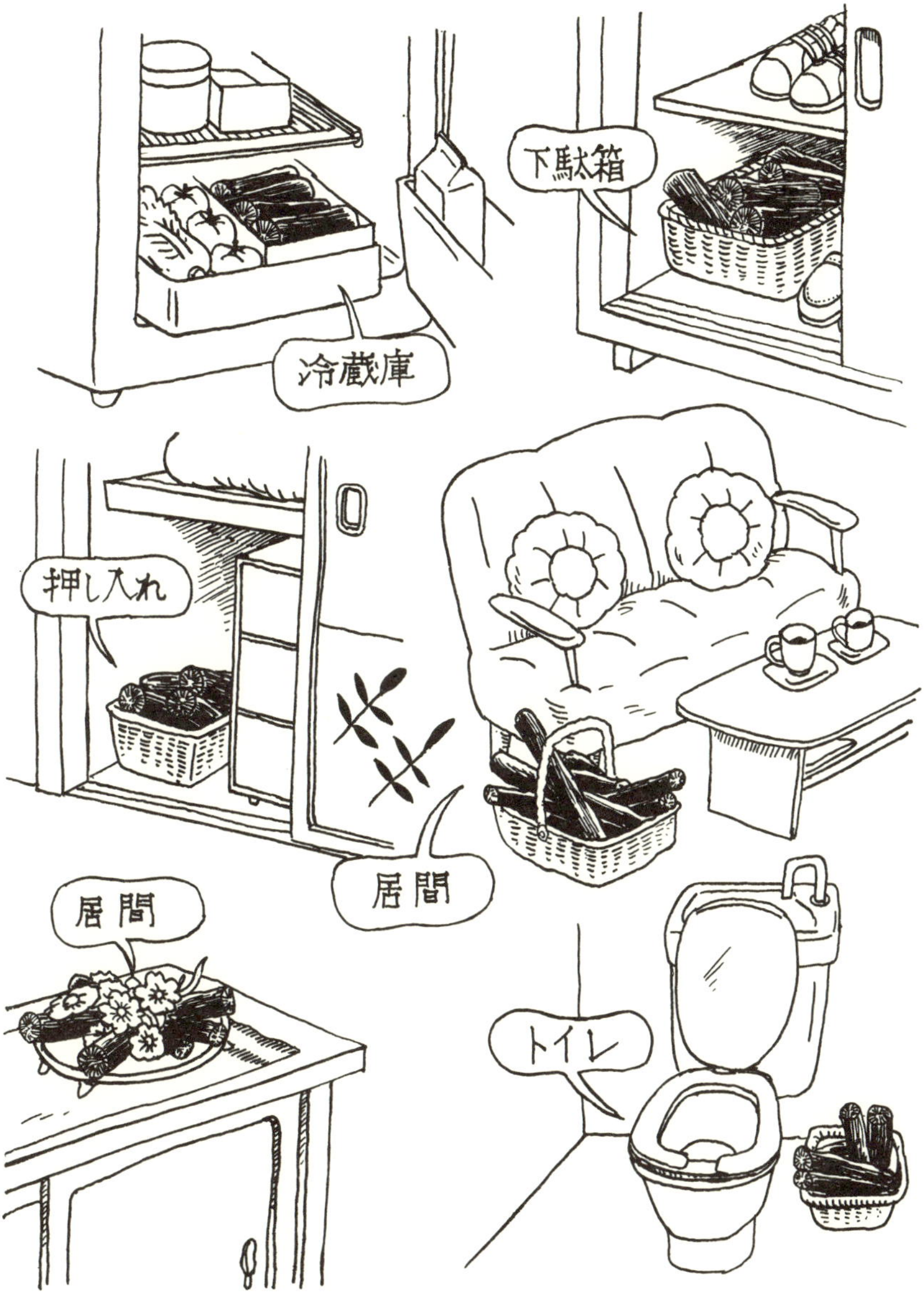

が効果があります。

臭気と同時に湿気を吸収して靴の皮にもよく、皮に生えるカビの防止にもなります。

## ●居間に炭を置くとリラックス

居間は、家族が一日の疲れを癒《いや》し、くつろぐ場所です。和室では飾り棚の上に置いたり、洋間では部屋の隅に置くことで空気がさわやかになります。喫煙者がいる場合もタバコのにおいが部屋にしみつかないので快適です。

炭の入れ物にも気を配り、部屋の雰囲気を壊さないようにしたいものです。しゃれた籠類を探すのも楽しみになってよいでしょう。

置く炭の量は多いにこしたことはありませんが、畳一畳当たり約二kgともいわれております。

また、炭の表面は光の加減でさまざまな表情があります。床の間などがあれば、しゃれた鑑賞炭をオブジェとして置くと安らぎを演出できます。

炭には生体内にエネルギーを保存するはたらきのある副交感神経に作用して体全体をリラックスさせる効果もあります。

## ●台所を炭で清潔に

台所には、調理の際のにおいやゴミのにおいなど、さまざまなにおいがあります。調理中は換気扇やレンジフードで換気し、においは外へ排出されますが、調理が終わったとき、レンジフードや壁に飛び散った油分が冷え、生ぐさいにおいを発します。こうしたにおいは戸棚の上などに炭を置いておくことで軽減されます。

流しの排水口についているゴミ受けの中に短い炭を一本入れておくと、ゴミのいやなにおいも少なくなります。

食器戸棚の中にも炭を入れましょう、完全に乾かさずに入れた食器のいやなにおいも少なくなり、戸棚の中も乾燥して清潔です。

冷蔵庫にも洗って乾かした炭を通気性のある布袋などに入れたり、キッチンペーパーに包んで置いたりします。冷たい空気は下にたまるので、一番下に置くのが効果的です。冷蔵庫で炭の効果を実感するのは、つくった氷にいやなにおいがつかないことです。

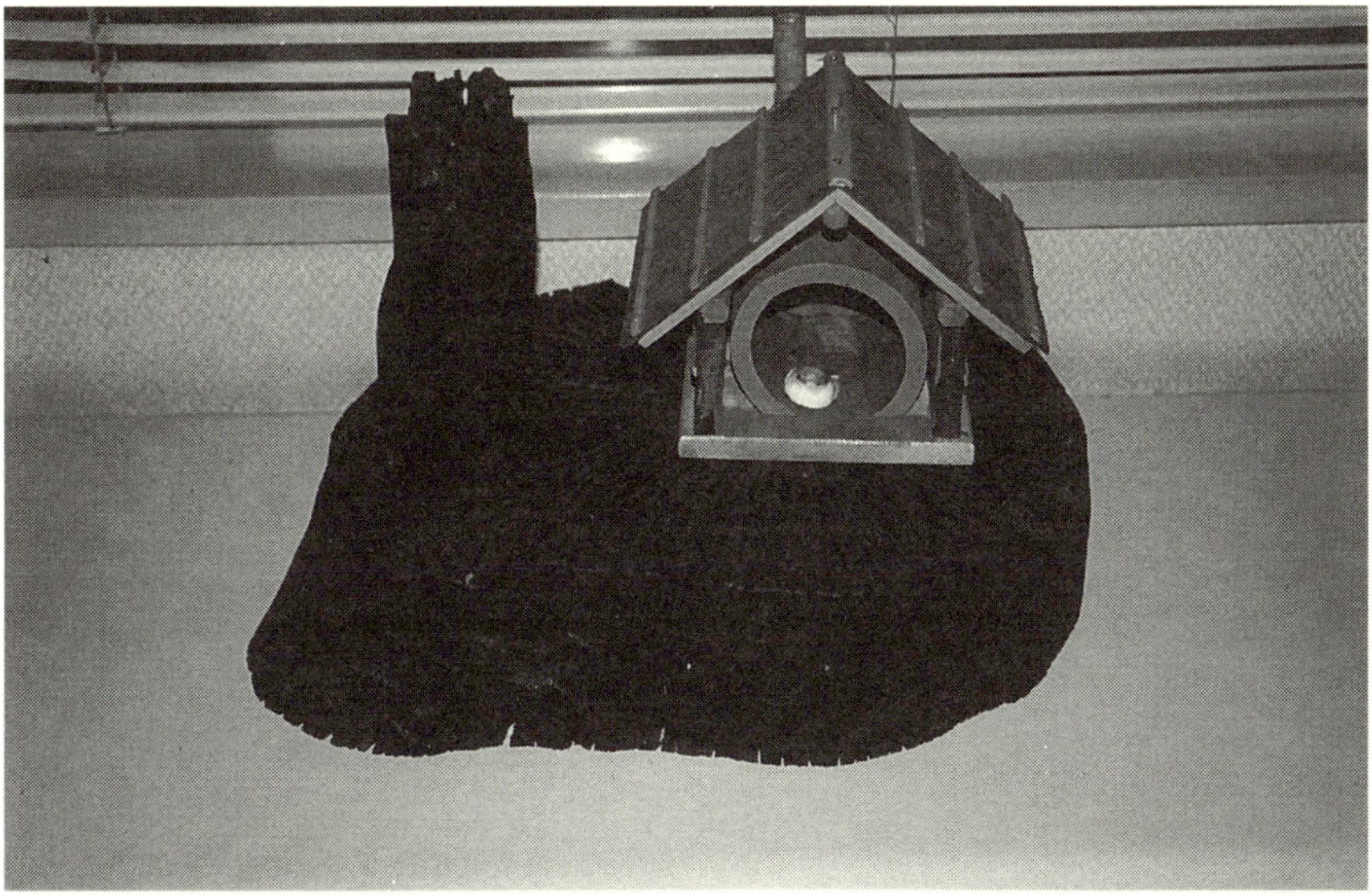

炭化した木の切断面に巣箱をのせたオブジェ

部屋の隅に籠入り黒炭を置く

松ぼっくりと炭の組み合わせ

野菜やくだものが自分自身で出すエチレンガスは植物ホルモンの一種として、成熟を促進するはたらきをします。成熟が進むと大量のエチレンガスを出して、自分自身はもとよりまわりのくだもの・野菜までも成熟を促進し、その結果、傷みを早めてしまいます。そうしたエチレンガスを吸着するので、野菜やくだものを新鮮な状態で保存することができ、傷みが少なくなります。

床下収納庫には、どうしても湿気がたまりやすくなります。少し大きめの炭を容器に入れて置くとにおいや湿気がこもらず快適に利用できます。米と一緒に入れておくと米の酸化が抑えられ、いつまでも米を新鮮に保存することができます。

## ●子供部屋や寝室でリラックス効果

子供部屋や寝室の隅に容器に入れた炭を置きましょう。化学的につくられた脱臭剤は消臭効果よりもにおいを別のにおいでマスクする商品がまだ多く、落ち着きません。

炭は自分自身のにおいはまったくないのでリラックスします。空気も清浄化されます。睡眠中に出る体臭や寝具のにおいも取れてさわやかな目覚めが約束されます。

押入やクローゼット、納戸の中に置くと内部の湿気や、衣類などから発生するにおいを取ることができます。押入やクローゼットの中が乾燥すると衣類も傷まず、衣類につく虫の発生も抑えられます。床に置くほか、小さな籠に入れて洋服の間に入れたりつるしたりしてもよいでしょう。

## ●炭は調湿作用がある

大切な蔵書を置いてある書庫や書斎は、定期的に空気を入れ替えないと、本にカビが生えたり、虫がわいたりします。

やや量は必要ですが、炭を置くことにより室内が乾燥し、カビや虫の発生が少なくなります。冬は乾燥しすぎて、紙が傷みやすくなりますが、炭の調湿作用で、乾燥しすぎを防ぐこともできます。

## ●トイレやペットのにおいを防ぐ

トイレに置くのも効果があります。トイレでは人間の排泄物から出る、主に窒素老廃物のアンモニア、尿素、尿酸のにおいがします。炭の吸着作

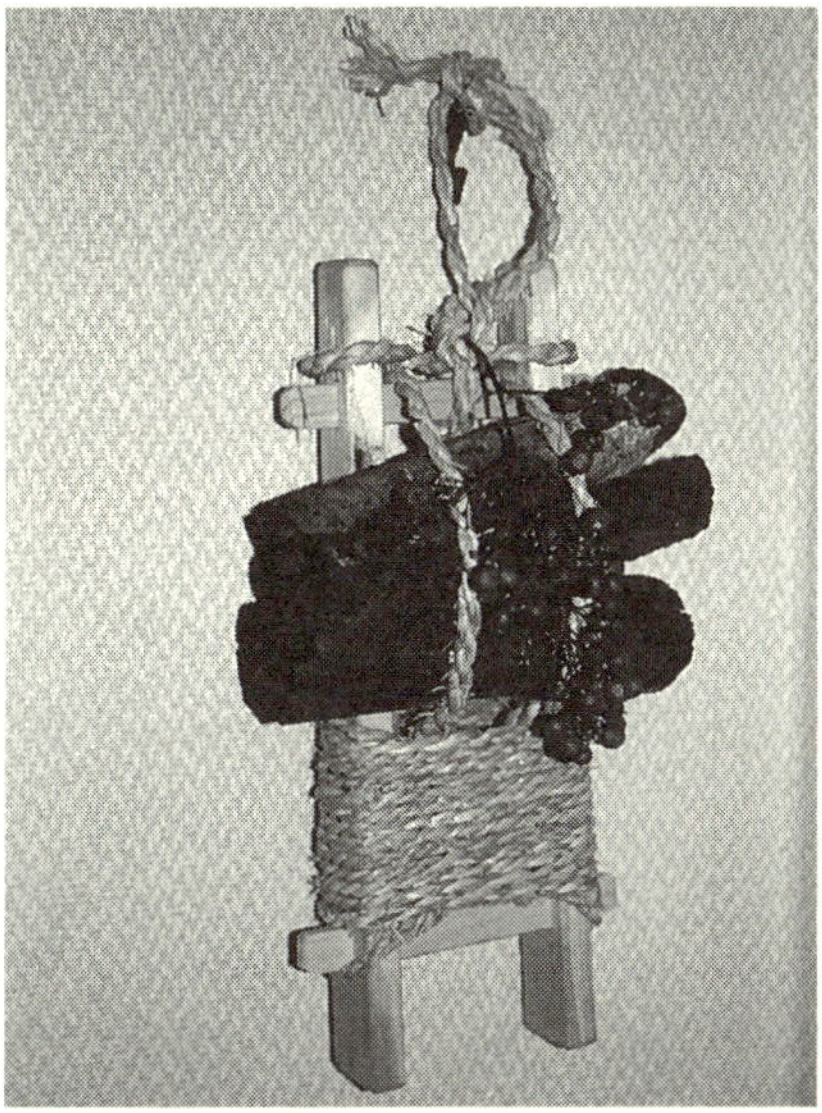

黒炭をくくりつけたしょいこ

バスケット入り切炭

トイレの上部２か所に消臭用の炭をセット

パソコン付近に炭を置く

黒炭とつるのアレンジメント

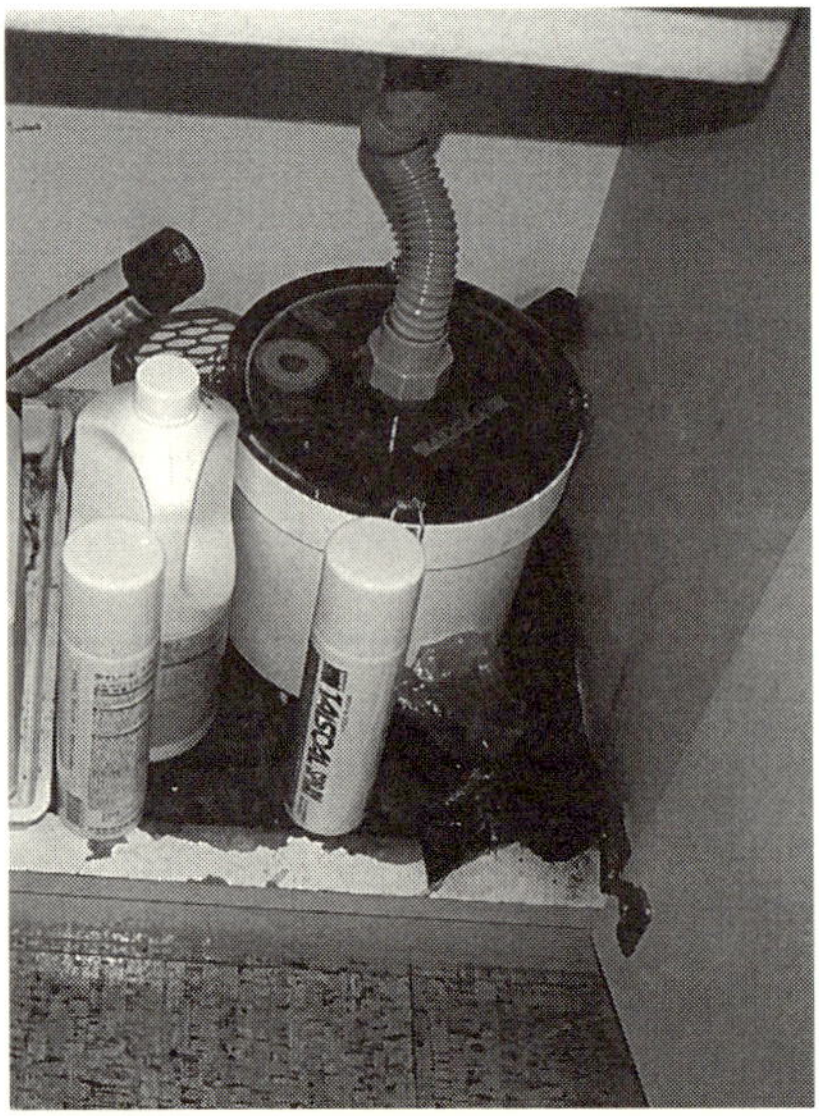

排水用の炭入り濾過装置

備長炭を花器に飾る

用でアンモニアガスはとくに吸着分解されます。炭を水タンクに入れると、微生物がすみつきます。この微生物が水に流れ出し、汚物を分解して汚れや異臭を抑えます。

犬、猫、小鳥などのペットを飼っている家庭では、獣くさくなります。とくにじゅうたんなどについたにおいは取れなくなります。ペットでは排泄物のアンモニアのにおいが問題です。

動物の餌に含まれるたんぱく質は分解すると水と二酸化炭素のほか窒素老廃物となります。これは、液体すなわち尿となって排泄されます。

アンモニアは微量でも特徴あるにおいで敏感に感じます。炭はとくにアンモニア臭を吸着する能力が高いので、ペットのにおいも気にならなくなります。置く場所は、ペットの寝場所付近がよく、籐の籠などに入れて利用します。量は居間で使うより少し多いくらいが必要です。

## ●使った炭の再利用

炭の効果は三か月くらい続きます。

下駄箱や流し、トイレ、ペットの消臭などに使った炭は、軽く洗い、目のつんだ布袋に入れるか新聞紙を数枚重ねたものに挟み、金槌などで小さく砕いて植木鉢の土に混ぜたり、家庭園芸に利用します。燃料にすると燃えるときに悪臭がするので使わないほうがよいでしょう。

居間や玄関、押入や納戸で使ったものは、水洗いをして、太陽光線で十分乾燥させると、繰り返して使用できます。冷蔵庫で使ったものも水洗いをして十分乾燥させれば再利用は可能です。

注意することは家庭内で使うとき、炭の塊のまま使うようにすることです。いくら、脱臭効果が上がるからといって、活性炭を広げたり、炭を細かい粉にして使うことはやめましょう。粉塵として舞い上がり、健康に悪いだけでなく、閉め切った部屋で、火がつくと、最悪の場合爆発したりするので注意が必要です。

また、炭の表面についたほこりはとくに目だちます。人の目に触れる場所に置いた炭の汚れは不潔感があり、炭の持つ清潔感を損ねます。定期的にブラシや刷毛《はけ》で掃除をしておきましょう。

# 炭入り寝具で果報は寝て待て!?

## ●睡眠は健康の基本

睡眠は人間が生きていく上で非常に重要な要素です。これは単なる休息ではありません。成長ホルモンは睡眠中に分泌され、子供の成長は睡眠中に行われます。成人でも眠らないとストレスが増し、正常な社会生活が営めなくなったり、なかなか病気が治らないなどということもあります。

体は安静にしていればある程度体力は回復はします。しかし、脳が睡眠で休むことができないと脳の疲労が回復できず、結局体もダメージを受けてしまいます。睡眠時間は個人差があり、九時間以上睡眠時間を必要とする長時間睡眠者や六時間以下ですむ短時間睡眠者に分けられますが、個人の生活環境によって大幅に変わります。

深い睡眠を得るには、寝具の重要性がいわれています。寝返りがしやすい少しかための敷き布団、軽い掛け布団と安定して頭を支える枕が必要です。室温は二十℃くらいで、湿度はほぼ六十%、布団の中は体温よりわずかに低い約三十六℃という環境が一番眠りやすいといわれています。

## ●睡眠のメカニズム

睡眠は目の覚めた状態から入り、また目が覚めるという単純なものではありません。多くの要因が結びつき、睡眠段階と睡眠周期の相互関係として捉えられています。睡眠段階では、α波など脳波の動きを四段階に分けて区別するノンレム睡眠と九〇分間隔で交代する眼球運動が見られるレム睡眠とに分けられます。

これらの睡眠は周期的にあらわれ、目の覚めた状態からノンレム睡眠を経過してレム睡眠まで七〇～九〇分かかります。また、レム睡眠は朝に近くなるに従って長く続くようになります。これらのリズムが崩れるとぐっすり寝たという感じがなく、一日中体が不安定になります。血圧も睡眠に

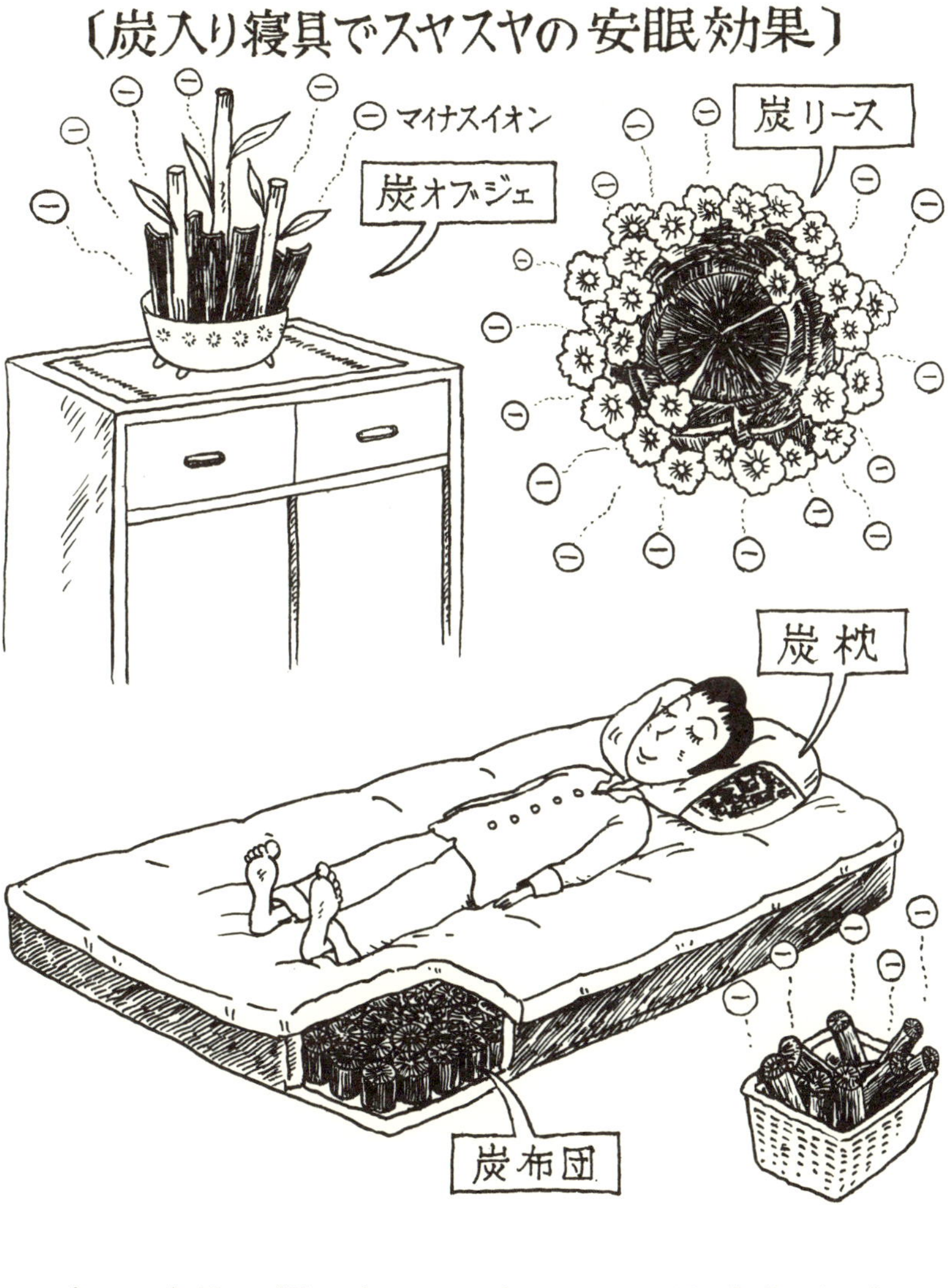


炭入り寝具や置き炭などで、眠りやすい環境をととのえることができる

入ったときは低下しますが、睡眠が進むと徐々に上がり出し、目が覚めると一気に上昇します。発汗量は睡眠周期であまり変化はありませんが、胸の部分ではノンレム睡眠時には増え、レム睡眠では減り、睡眠の終わりころには最小となります。

現代人は不安や不満、ストレスが多く精神的な疲労が多いときは、神経が興奮状態になっているので睡眠になかなか入ることができません。こんなときには神経を鎮静させる必要があります。炭にはまわりの空気をマイナスイオンに変化させるはたらきもあるので、気分をリラックスさせ、快適な睡眠へ導くという作用もあります。

### ●炭を使った寝具のいろいろ

寝具や睡眠関連用品に炭が利用されはじめたのは戦後のことです。秋田県林務課の鈴木勝男技師は、初めて枕を商品化しました。秋田県内の白炭窯でやいたナラ白炭を粉砕し、和紙で棒状に包んだものを数本並べて布で包み、端には桐のオガ屑を袋に入れてつなぎ、利用者が枕の高さを調節。その後もいろいろと開発、商品化されました。

現在はどのような商品があるのでしょうか。まず、炭枕、炭布団、炭マット、炭ベッド、炭シーツ、炭パジャマなど繊維に炭を加工した肌着類などいろいろな種類があります。

枕はそば殻枕が最良といわれてきました。そば殻枕は頭部から熱を奪うはたらきがあります。また、昔からあった竹で編んだ枕や陶器製の枕も頭から熱を奪います。睡眠中の人体の体温分布は額の体温が一番低く、足先が一番高くなっています。これは頭寒足熱の原理と一致します。

しかし、これらの枕は素材が繊維状になっているため、頭の重みで繊維がつぶされ、睡眠中に通気性や吸湿性がなくなってしまいます。頭の温度が上昇すると深い眠りが得られません。炭を利用した枕では、かたい白炭を粒状にして使うので、頭の重さでつぶされることがなく、通気や吸湿が行え、それに頭をしっかり支えることができます。

頭部から発散される汗を吸って、温度を下げ、汗の成分であるアンモニア、尿素などから出るいわゆる汗くささを吸着し、頭のまわりの空気を清

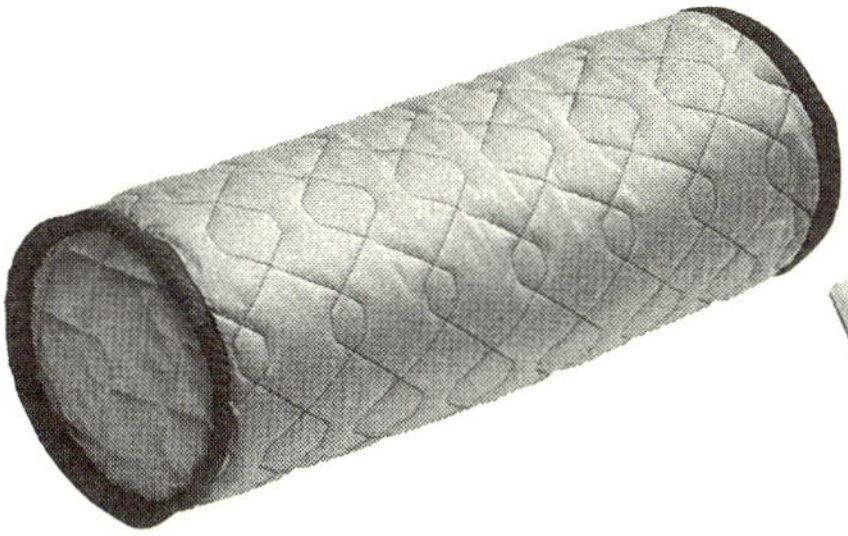

備長炭キルト使用丸形クッション

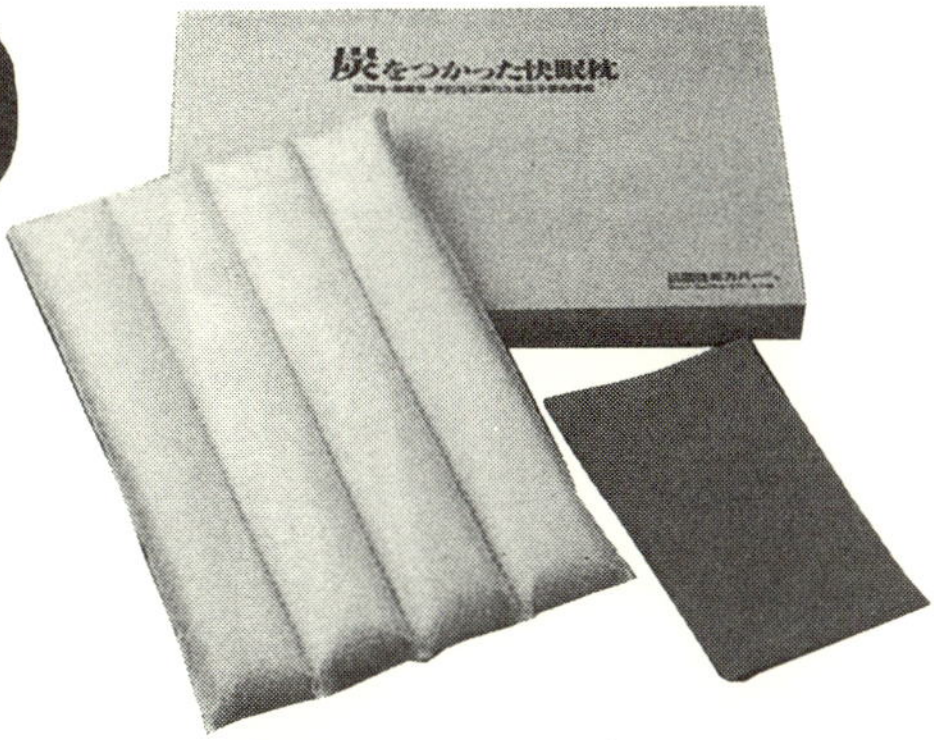


備長炭入り快眠枕(45×30cm)

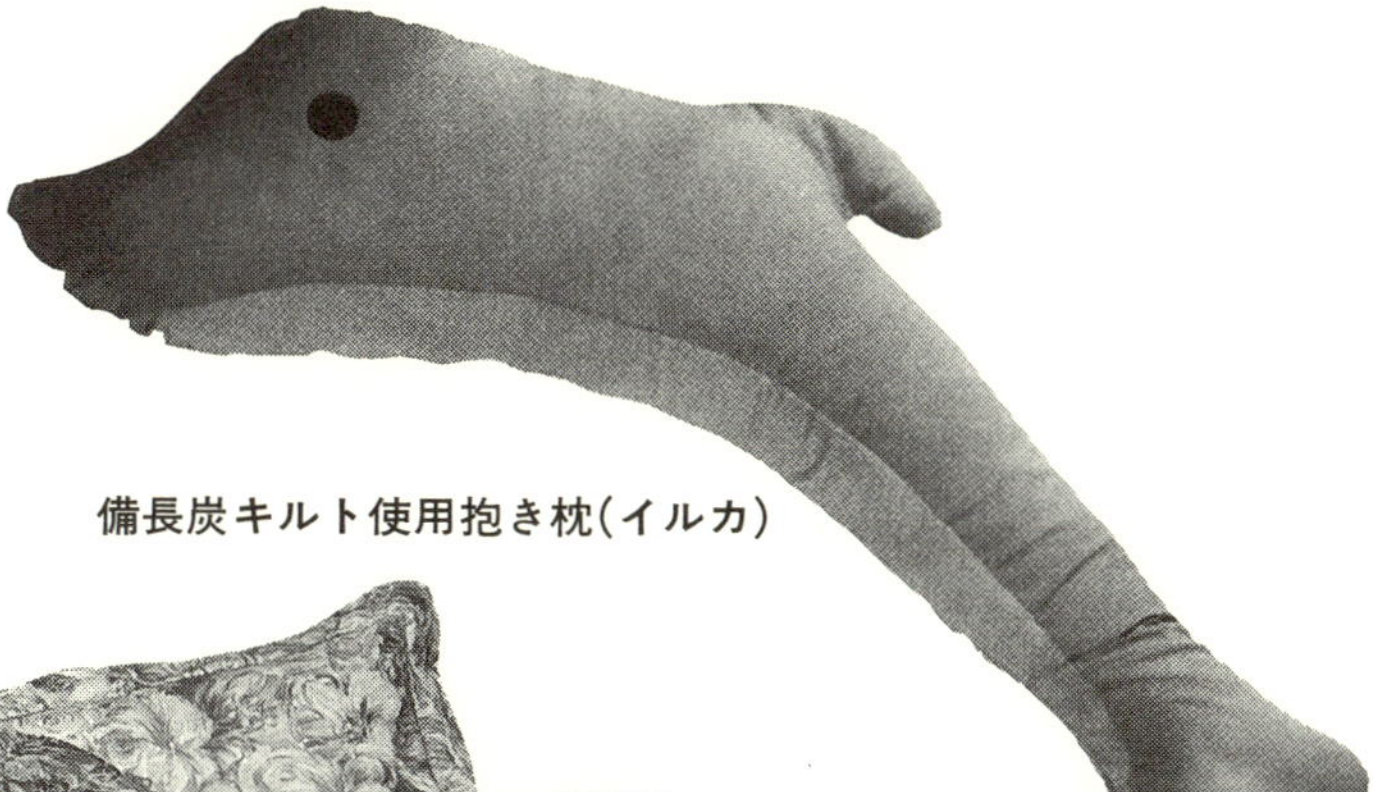

備長炭キルト使用抱き枕(イルカ)

備長炭入り羽根枕(63×43cm)

製造・取扱＝増田屋

浄にして眠りを助けます。

## ●通気性、吸湿性、消臭で快適環境

炭を使った敷き布団やマット類は、綿などに炭の粉を混ぜたものと、炭を粉にして特殊な不織布で包んだものなどがあります。後者はとくに吸湿性や吸着・通気性に優れた効果を発揮します。

体にはアポクリン腺という汗腺がわきの下や下腹部にあります。ここの汗腺からの分泌物は有機成分が多く、分解されるときに特徴的なにおいを発します。とくに若い人ほど分泌が多く、においも強い傾向があります。また体のすべてにあるエクリン腺という汗腺は常時発汗します。この分泌物の出す悪臭や汗を炭布団や炭マットは吸い取り、一晩中快適な状態をつくり出します。

体温で温められた炭から放射される遠赤外線の温熱作用で、細胞内に熱運動が起こって皮膚温度が上昇し、体内から温められ、毛細血管の拡張により血行もよくなり、筋肉の緊張を和らげ、リラックスした眠りが持続します。子供や寝たきり老人のおねしょや失禁に対しても、においが残りません。また、陰干しをすることで繰り返して使うことができます。

## ●自然の素材で枕を高くして安眠

炭シーツなどでは炭がはがれないように繊維に織り込んだり、液状化した炭が開発され、これを塗布して加工する技術も開発されました。塗布した液体炭を定着する素材も合成系から天然系に切り替わっています。

炭の肌着やパジャマなどは皮膚に直接つけることで、直接汗腺から出る汗などを吸収し、細菌の繁殖を抑えるので皮膚を清潔に保ち、汗のにおいも軽減されます。それに、自然の素材なので、皮膚の弱い人やアトピー性皮膚炎などの人でも、安心して使えます。廃棄するときも公害などを出さないので、環境にやさしい寝具といえます。

今まではあまり睡眠や寝具のことは重要視されませんでした。しかし、今後は睡眠を助ける寝具、快適な睡眠をつくり出す寝具が注目されるようになってくるでしょう。なぜなら、人生の三分の一は睡眠をしなければならないのですから。

健康炭マット。幅75×長さ155cm。備長炭シートが入っており、夏涼しく冬暖かいエコロジー製品

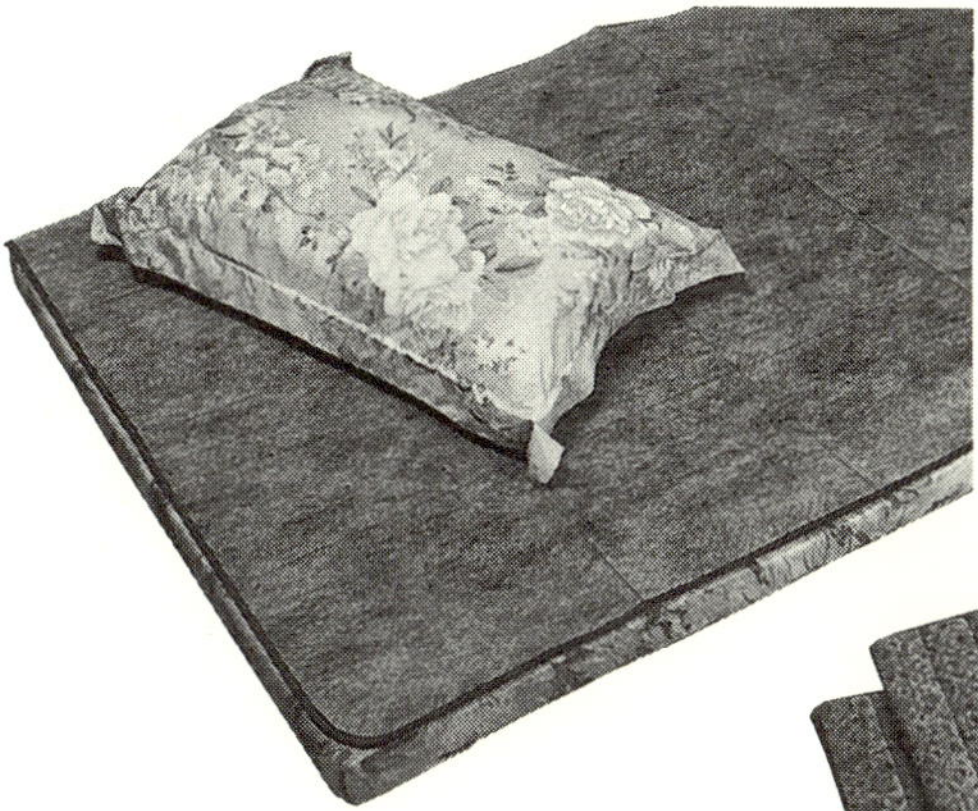

備長炭入りクリーンマット（190×95cm）

快眠炭マット（180×180cm）

健康炭パッド。枕やシートなどにかけて使用

製造・取扱＝増田屋

# 炭を冷蔵庫に入れて鮮度保持

**●冷蔵庫はあらゆるにおいの収蔵庫**

異臭を吸着除去（脱臭）し、におい移りを抑えるために活性炭や、高分子電解質＋植物抽出物などを使用した脱臭剤が使用されています。

炭の脱臭効果は古くから知られています。炭を冷蔵庫内に入れておくだけで脱臭効果があり、におい移りを抑えることもできます。

炭はキッチンペーパーなどで軽く包みます。炭の吸湿によりペーパーが濡れてきたら交換時期です。一か所に置くのではなく、空気の流れを考えて数か所に分散させてもよいでしょう。

活性炭は吸着力が強いだけに、その能力を回復させることは難しく、一般には使い捨てになります。炭は32頁などで述べた方法で吸着力を回復させ、繰り返し使用することも可能です。

**●炭がエチレンガスを吸着**

野菜やくだものの鮮度を保つには温度、湿度、エチレンガスなどの適切な管理が大切です。

エチレンガスは植物ホルモンなどとも呼ばれ、休眠を覚ましたり、呼吸作用や生長・開花を促したり、果実の熟成を促進するなどのはたらきがあります。したがって、何らかの方法で冷蔵庫（野菜収納庫）内のエチレンガスを取り除いてやれば、野菜やくだものの鮮度保持に役だつわけです。

炭を冷蔵庫内に入れておけば、エチレンガスを吸着してくれます。活性炭にはさらに強い吸着力があります。炭や活性炭を冷蔵庫に入れておくことは、脱臭ばかりではなく、実は野菜やくだものの鮮度保持にも役だっているのです。

接着剤を使わない木炭紙や活性炭並みに吸着機能を高めた「菜鮮炭」などというしゃれた商品名の木炭紙もあります。スペースをとらない利便性があり、冷蔵庫ばかりではなく、くだものの輸送などにも広く利用されています。

（山井宗秀）

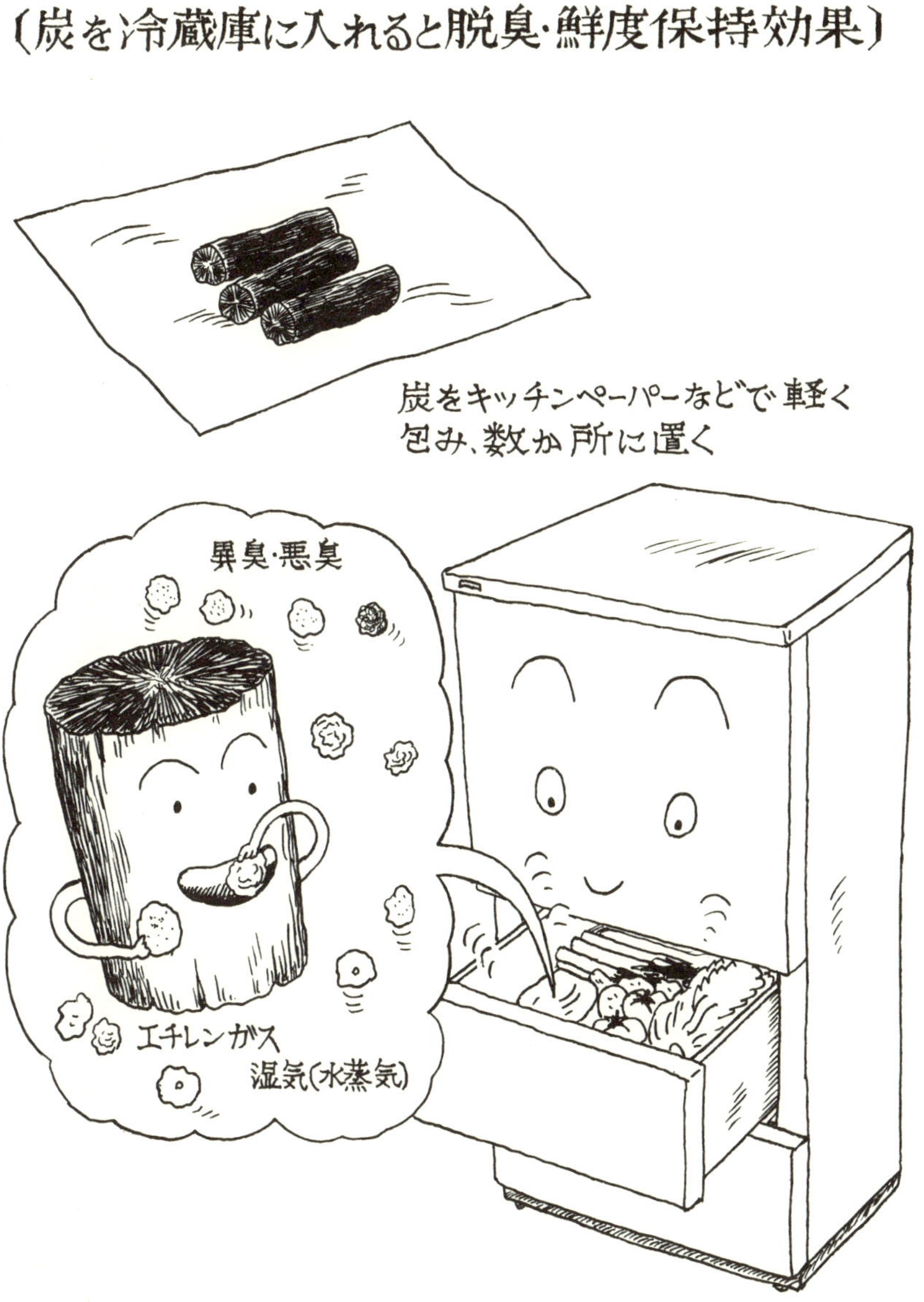
〔炭を冷蔵庫に入れると脱臭・鮮度保持効果〕
炭をキッチンペーパーなどで軽く
包み、数か所に置く
異臭・悪臭
エチレンガス
湿気(水蒸気)

**●車内に炭を置き、ちょっと木炭浴**

交差点で信号待ちのとき、エンジンを切る人はまずいません。排気ガスをまき散らし、お互い被害者であり加害者ともなります。排気ガスの浄化に木炭を触媒に使うことが研究されています。車の燃料タンクからガソリンが大気へ蒸発するのを抑える「キャニスターシステム」に活性炭が使用されています。また車内の空気浄化に活性炭（素繊維）フィルターを装備することもできます。

車内の異臭を消すために消臭剤、芳香剤などの使用も目だちます。これが裏目に出て、気分が悪くなったり車に酔いやすくなったりすることもあります。炭は車内の安全な脱臭剤としても利用できます。車を長時間運転するときなどはとくに車内を快適な空間に保ちたいもの。筆者は炭を使用し、ちょっとした木炭浴気分にひたっています。炭はドアのポケットに入れれば、運転時に邪魔にはなりません。通気性のある小袋に入れてシート裏側のネットに挟んだり、ヘッドレストの支柱にくくりつけたりする方法もあります（炭が首などに衝突することがないように注意）。

炭入り座布団はお尻が汗ばまず快適です。疲れたときには炭入りクッションでひと休み、という手もあります。脱臭用としてトランクにも入れておいてもよいでしょう。

**●木炭浴で未然の事故防止**

炭からはマイナスイオンが生成放出されています。マイナスイオンは自律神経を活性化し、快適感をもたらし、疲労を抑制し、血圧・脈拍を安定させます。車内の木炭浴は簡便な安全対策の一つでもあり、未然の事故防止にもつながります。

活性炭（素繊維）フィルターは定期的な交換が必要です。炭は年に数回は日光浴などをさせ、吸着力を回復させます。

（山井宗秀）

## 〔木炭浴をしながら安全運転〕

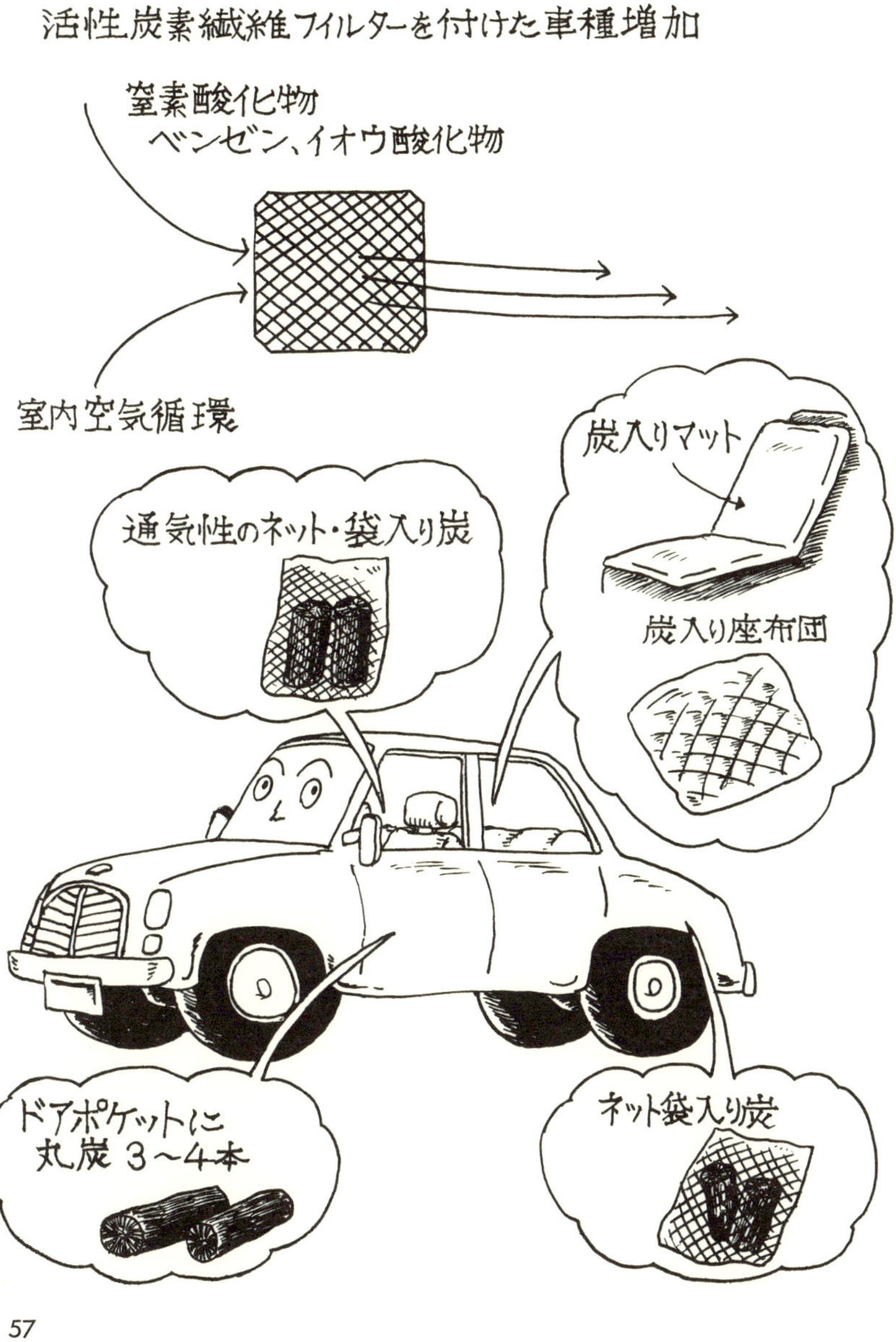

# 花、金魚、虫は炭が好き!?

**●炭をフラワーアレンジメントなどへ**

フラワーアレンジメントや生け花に炭を添えたり置いたりするだけで、花の鮮度を保つことができます。

これは冷蔵庫に炭を入れ、野菜やくだものの脱臭・鮮度保持効果を得るのと同じ原理です（54頁参照）。一般に植物はみずから発するエチレンガスによって老化・熟成するからです。

生花を使ったリース、ブーケ、コサージュなどのフラワーアレンジメントや生け花に炭を置くことで、短い花の命を長くし、花をより楽しむことができるのです。

**●金魚鉢などの水の腐敗を防ぐ**

金魚などの淡水の観賞魚には井戸水がよいのですが、現在の生活ではほとんど不可能に近く、水道水を使わざるをえません。しかし、水道水には消毒用の塩素が入っているので、除去しないと魚によくありません。中和剤を使うという手段もありますが、もっと手軽に行う方法があります。

それは炭を水槽の中に入れておくことです。炭が塩素を吸着し、水を自然水のようにします。水槽の水を炭にすみついた微生物のはたらきによって常にクリーンな状態に保ち、水の腐敗を抑えて金魚を病気などから防ぎます。

**●異臭を抑え、昆虫を守る**

カブトムシやクワガタなどの飼育ケースの土の中に炭を埋めておくと、微生物が糞尿を分解し、異臭を抑えます。茨城県のYさんがスズムシの飼育ケースに炭と生木を入れてみたところ、スズムシは生木より炭のほうにくっつく時間が圧倒的に多かったとのことです。

炭は昆虫の生活環境を整え、元気を与えるとともに、昆虫のにおいを解消するという一石二鳥の役割を果たしてくれます。

〔炭で花、鑑賞魚、昆虫が生き生き〕

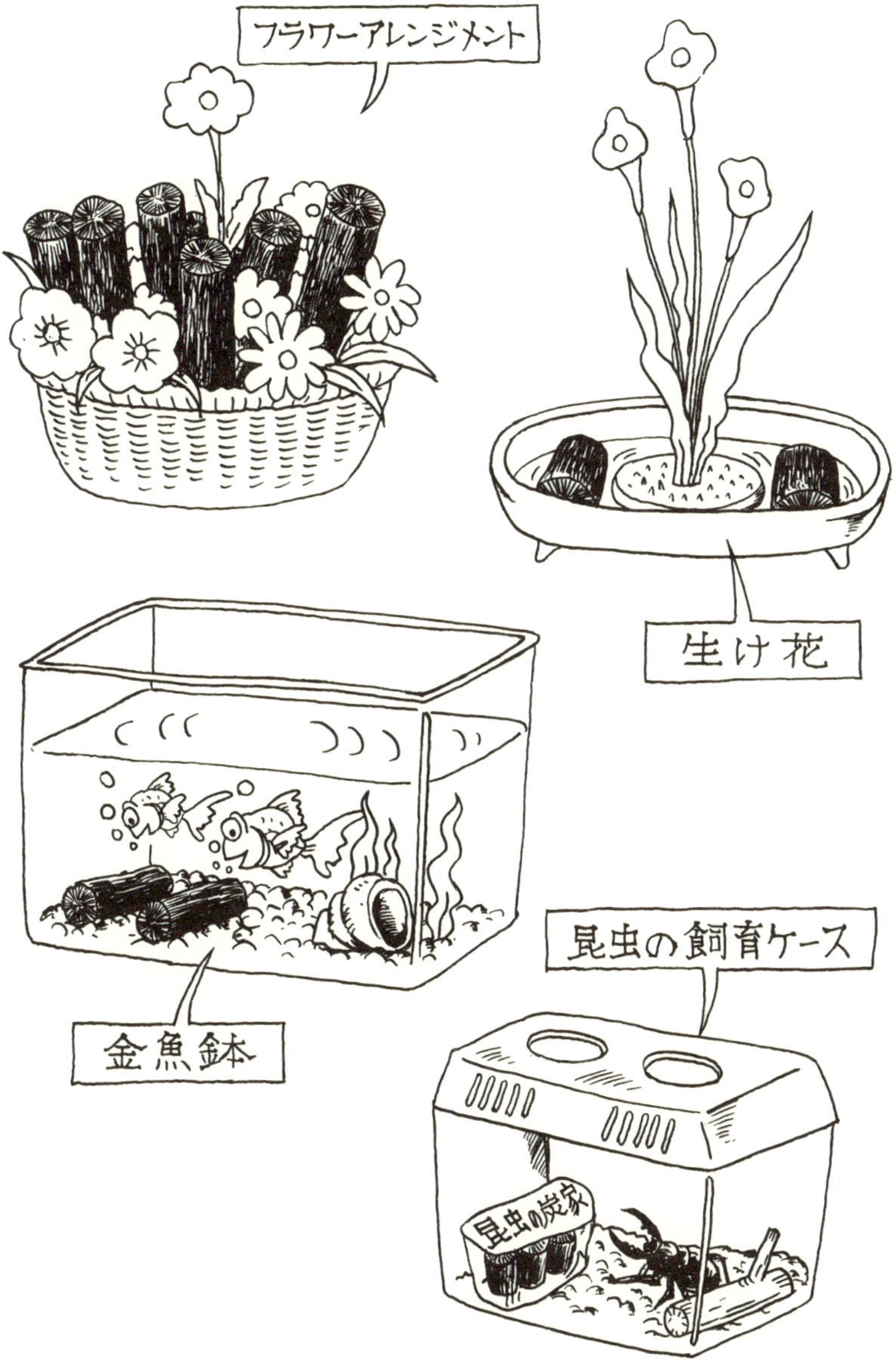

# 増えるシックハウス症候群と対策

## ●高気密・高断熱機能の落とし穴

「シックハウス」という言葉は、もともとアメリカで多く見られたシックビルディングからきたものです。和訳すれば、病める住宅ということになります。それぞれが地球環境保全に気をつけつつ生活するため、住宅といえども徹底的な省エネをすることになり、そこで登場したのが高気密・高断熱機能です。

高気密・高断熱機能を追求すると、すなわち「魔法瓶」的住宅となり、従来の住宅とは大きく異なるものになります。ここでは住む人の健康維持・促進のために「計画換気」を徹底しなければなりません。しかもその換気量が多いと、省エネにつながらず、本末転倒になってしまいます。そのため、できるだけ少ない換気量で住む人の健康維持・促進をはからねばなりません。

最近、建材中に含まれるホルムアルデヒドが問題になっています。建材にこれらの有害物質がとくに増えたわけではありません。高気密で換気量が少なく、換気方法に難があるので大きい問題になっただけです。また逆にホルムアルデヒドの少ない建材を利用すると、カビの発生に悩まされるといったジレンマに陥っているのも現状です。

## ●換気空気の質を高める

換気空気量のことも大事ですが、換気する空気の「質」を高める工夫が必要です。炭業界でもこの問題にいち早く気がつき、有用な方法で対処できる方法を考案したグループもいます。

地中に高機能炭を埋設し、その内部に腐りにくい青森ヒバ材などの材料でつくったダクトを入れて通風し、その空気を室内に供給する新しい方法です。夏涼しく、冬暖かく、しかもマイナスイオンの多い空気を換気空気として利用できます。

（秋月克文）

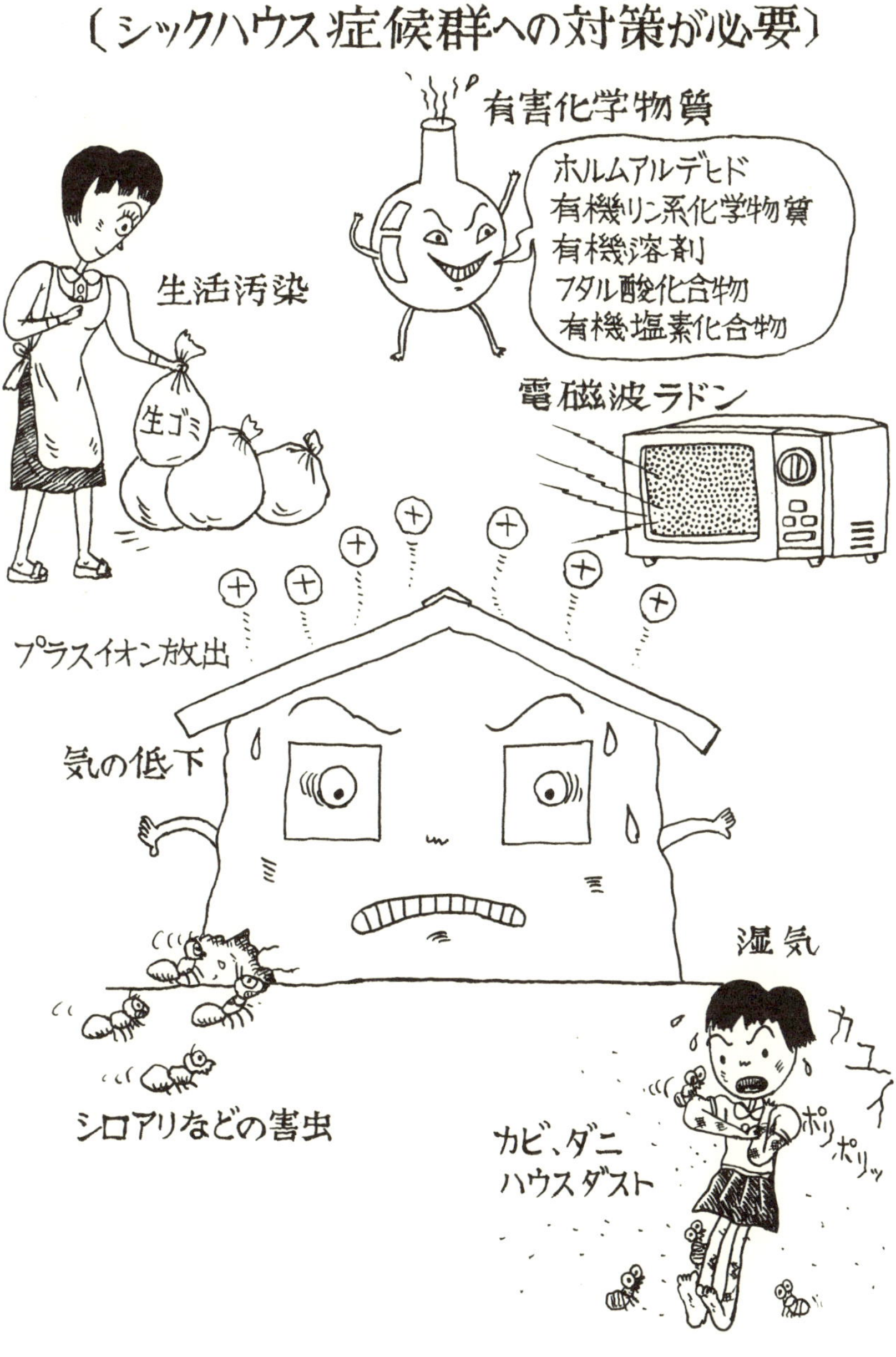
〔シックハウス症候群への対策が必要〕
有害化学物質
ホルムアルデヒド
有機リン系化学物質
有機溶剤
フタル酸化合物
有機塩素化合物
生活汚染
生ゴミ
電磁波ラドン
プラスイオン放出
気の低下
湿気
カユイ
ポリポリッ
シロアリなどの害虫
カビ、ダニ
ハウスダスト

# 住宅へ炭を組み込む効果あれこれ

## ●多孔質性による効果

最近、炭を住宅に利用する動きが顕著になっています。炭にもいろいろな機能がありますが、住宅に利用されるのは、主として多孔質性による効果と電子特性による効果を期待してのことです。

炭は材料の木材の姿をそのまま残していて、炭化しても、その内部には縦横無尽に孔が開いています。炭を電子顕微鏡で見ると、細かい蜂の巣状の格子が確認できます。一般的にこの格子の直径は、三〇μm（〇・〇三㎜）前後です。孔の壁面にはさらに小さな無数の孔が開いていて、湿気などの吸脱着を行います。

炭の場合、炭化することにより自然に開いた孔を利用しますが、活性炭はさらに人工的に手を加えて孔の数を増やしたものです。一般的な炭の場合、その比表面積は三〇〇㎡／g程度、活性炭は一〇〇〇㎡／gもあります。しかし、比表面積が大きいことが必ずしもよいことばかりではなく、吸着力は大きいが、逆に吐き出しにくい面もあり、要は適材適所に使い分けする必要があります。

多孔質だけをとれば、ほかにも珪藻土《けいそうど》やゼオライト等がありますが、炭の場合、さらにもう一つ大きい機能があります。

## ●電子特性による効果

今から三十年も前、炭の研究で有名な岸本定吉先生たちが日本木材学会で、その端緒を発表されました。すなわち炭の電子特性がそれで、最近の研究でも高温でやかれた炭ほど、その表面がマイナス帯電することが確認されています。

マイナス帯電すればするほど、炭周囲との間に電位差が発生し、炭側から周囲に電子放射が可能となります。備長炭などの白炭を室内に置くだけでなんとなくさわやかになるのも、この機能と効果といえます。

（秋月克文）

## 〔コンクリート打設と敷き炭の比較〕

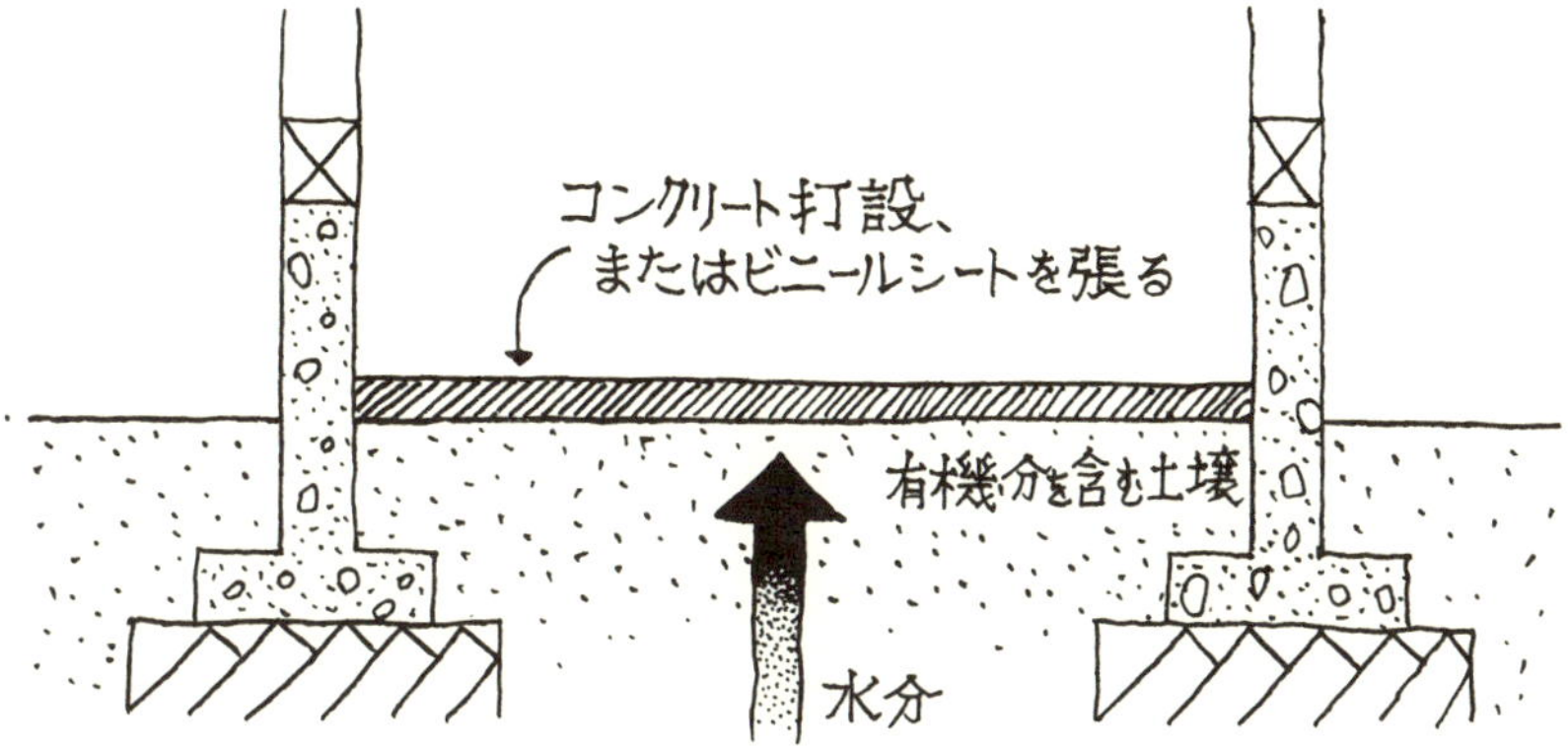


生態的に水循環がコンクリート、およびビニールシート直下部でストップするため、長い年月で水が腐敗する

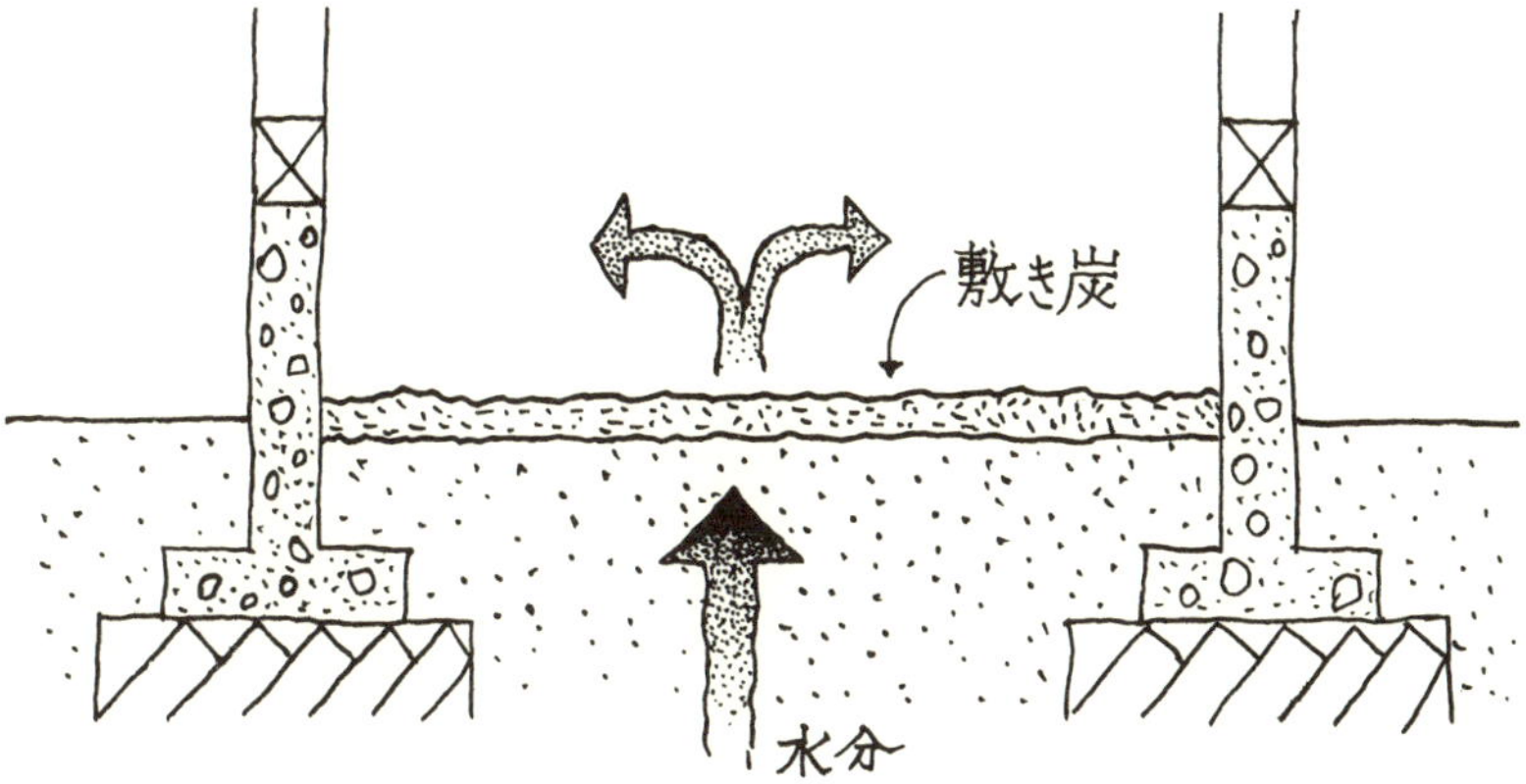


木炭を埋設することにより、下部からの水分を常に外気に応じて吸脱着する

『環境を守る炭と木酢液』(炭やきの会編、秋月克文作成、家の光協会)参考

# 住宅へ組み込む炭の種類と特性

## ●炭材は建築廃材や間伐材など

昔、燃料として炭が利用されていた時代は、広葉樹を原料にしたものが多く使われました。しかし最近の「非熱源」として利用する世界では、広葉樹、針葉樹の差はありません。したがってごく特殊な場合を除き、その樹種にこだわる必要はありません。

原料となる木材は、住宅新設時や解体時に発生する廃材や森林の間伐材などが利用できます。いずれも、機械式連続炭化設備で大量にかつ品質をコントロールしたものを利用します。

炭の性質はやくときの温度（炭そのものの温度）によって性質が大きく変わります。多孔質性は温度によってほとんど変わりませんが、電子特性は大きく変わります。

すなわち、温度四五〇℃でやいた木炭は、電気抵抗率が$10^6$Ω・㎝、九〇〇℃でやいた木炭は電気抵抗率が$10^0$Ω・㎝程度となり、その差は百万倍となります。

## ●住宅用の炭の種類と特性

住宅に炭を使う場合、主として次の用途に利用されます。そのときに炭の二つの特性がどのように活用されるかは、次のとおりです。

| | 多孔質性活用 | 電子特性活用 |
|---|---|---|
| 床下調湿用（敷炭） | ◎ | ○ |
| 壁炭 | ◎ | ◎ |
| 埋炭 | ― | ◎ |
| 換気空気質改善用（兼埋炭） | ― | ◎ |

ともあれ、これからは住む人の健康面を最重要課題として考える住宅メーカーや工務店のみが生き残れる時代といっても過言ではありません。そのために炭の特性や機能を理解し、住宅へ有効に活用していただきたいものです。

（秋月克文）

〔新築・リフォームのさいに炭を導入〕

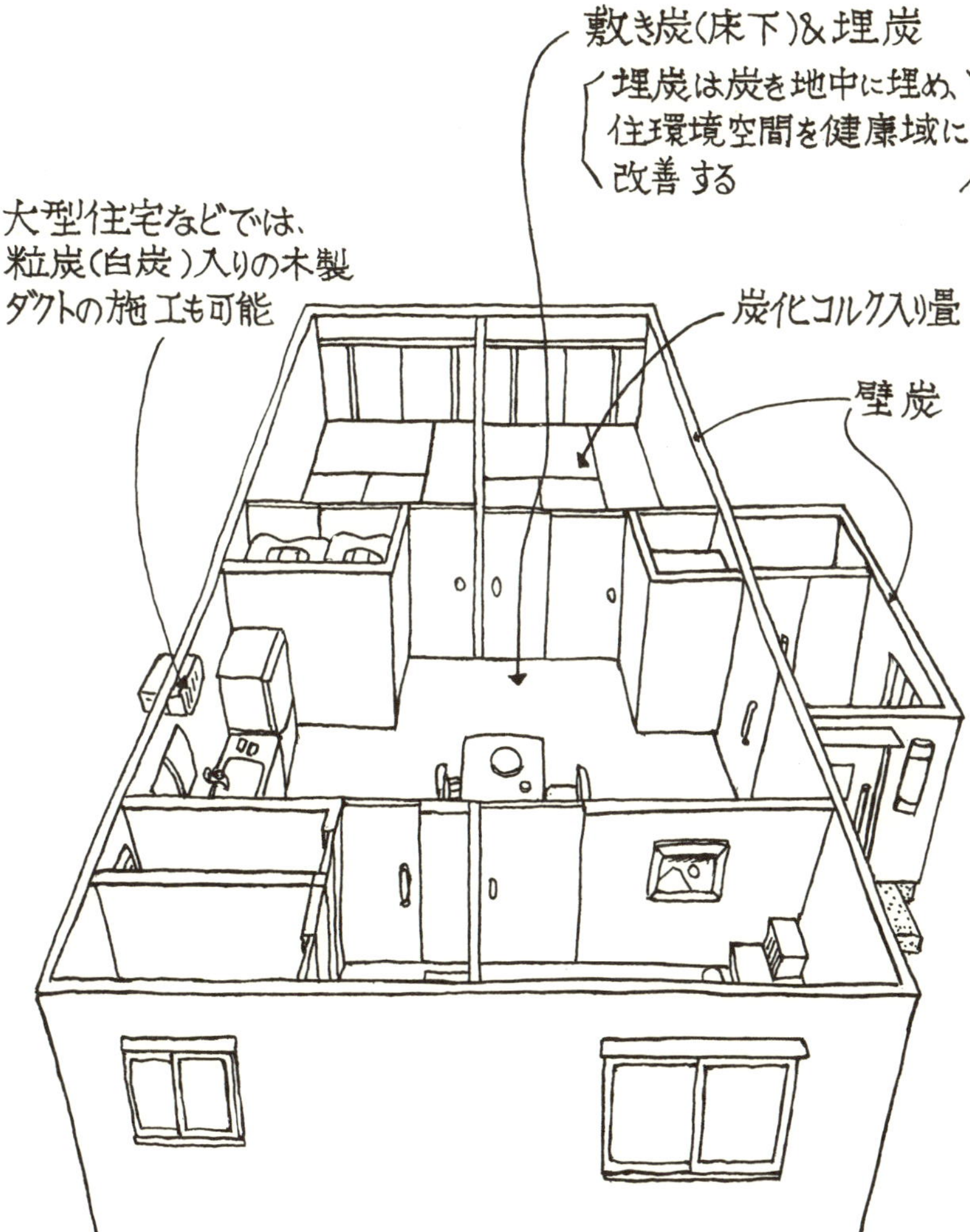

# 住宅への上手な炭の組み込み方

### ●住宅に湿気は禁物

現在の住宅の基礎は布基礎といって、鉄筋コンクリートや無筋コンクリートで建物の下に壁状の枠をつくり、その上に柱を建てます。そのため地面がコンクリートの壁で囲まれ、通気が非常に悪くなります。もちろん通気口はありますが、なかなか思うように通気しません。この結果、住宅やそこに暮らす人にいろいろと問題が出てきます。これらの問題を炭で改善しましょう。

### ●畳下

畳は日本家屋で使われる床の代表的な存在です。以前はよく乾燥した稲のワラを麻糸で縫って、畳床として使っていました。ワラには吸湿性や適度の弾力があり、万能の床として人気がありましたが、ワラに害虫がわくので、一年に数回は太陽に干すという作業が必要でした。近年、畳床はワラなどの入手も難しくなったので、弾力のある樹脂フォームでつくられることがほとんどです。

しかし、害虫などの問題はなくなったのですが、ワラと異なり、吸湿性がよくないという問題が出てきました。この問題は、炭シートを畳床と床の間に敷き詰めると解決します。湿気がなくなるとダニなどの害虫やカビの発生も抑えられます。

炭シートは、微粉状にした炭を特殊な和紙にすき込んでつくります。とくに畳の下敷き用は調湿効果の高い活性炭を使っています。一年に一度くらい天日で乾燥させるとほぼ半永久的に使うことができます。

シート以外にも液状炭を床や壁面の下地材として塗布する方法もあります。

炭には電磁波の遮蔽《しゃへい》効果もあります。壁面に利用することで、テレビやOA機器などから出る電磁波を反射させます。新建材から出る有害な揮発

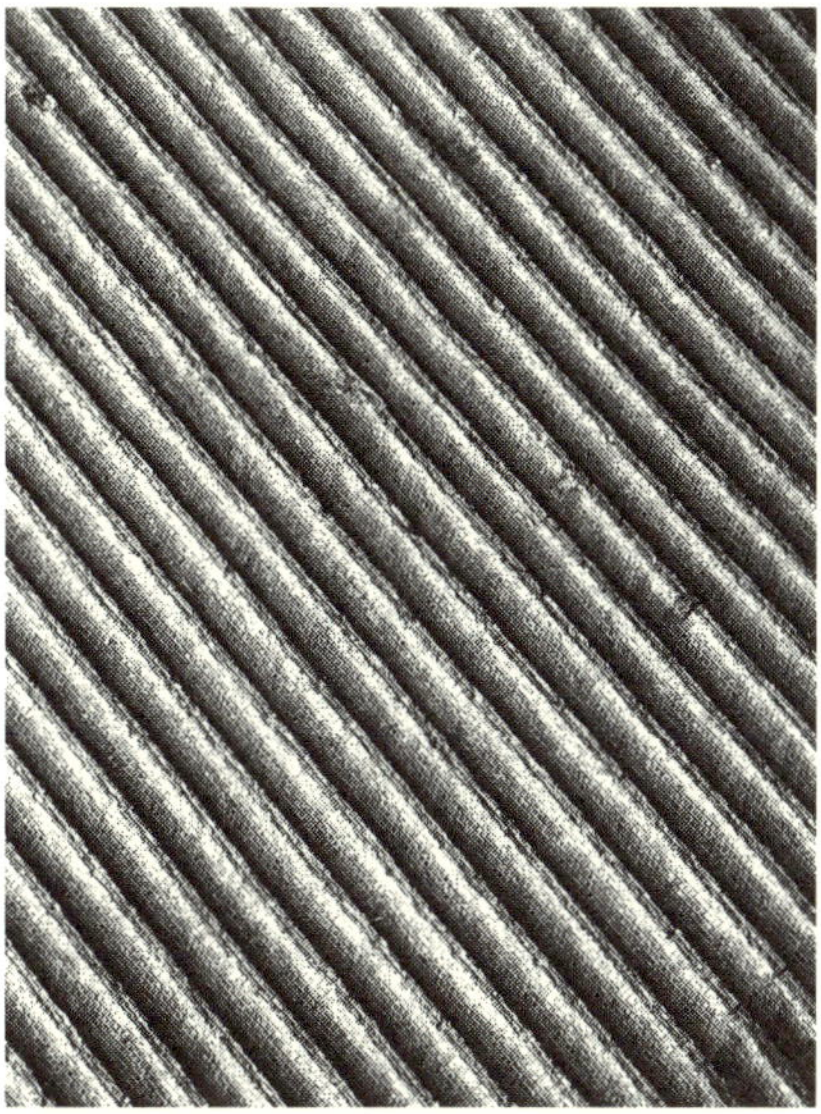

細粒炭をパルプに吹き込んだシート

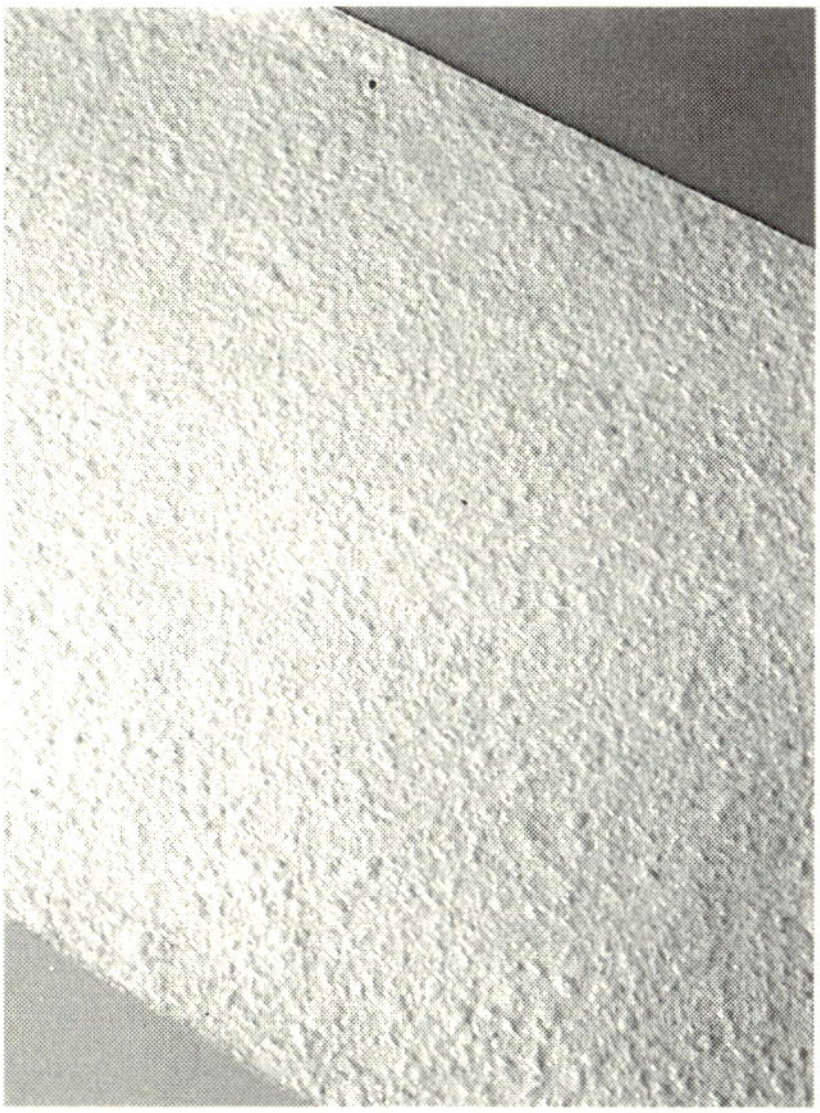

細粒炭とパルプを混ぜ合わせた資材

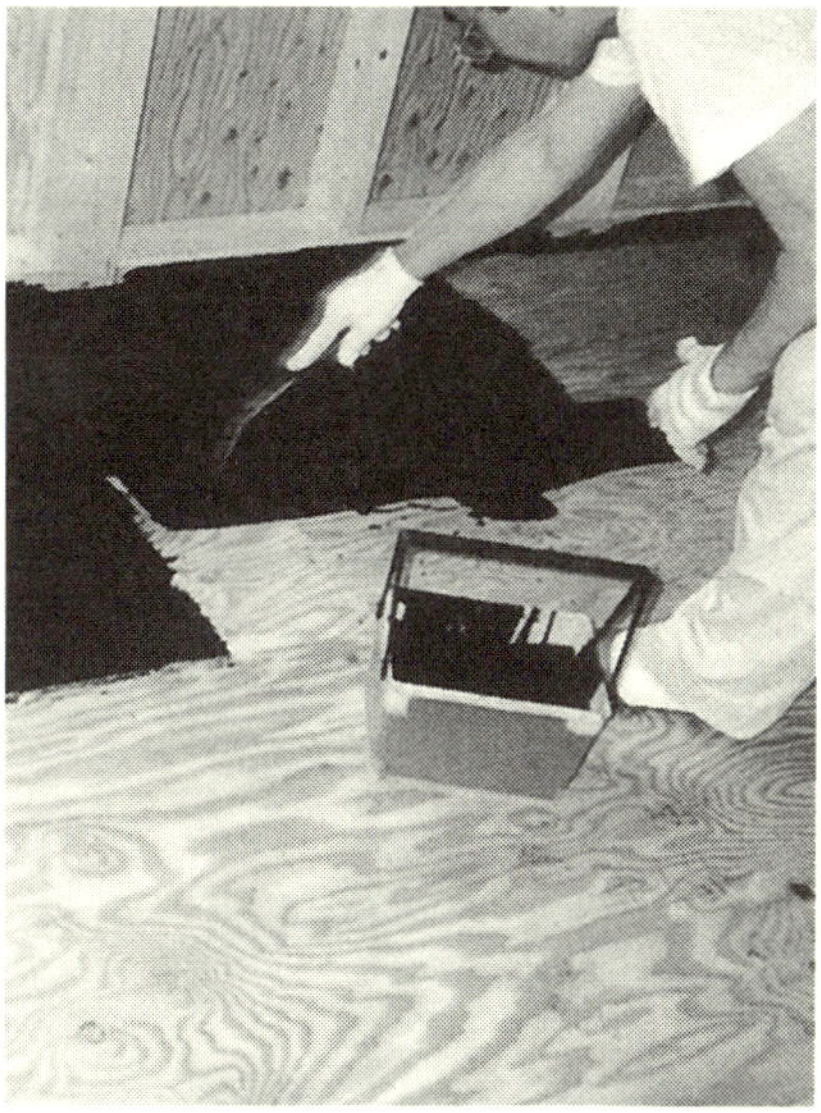

床一面に液状木炭を塗布

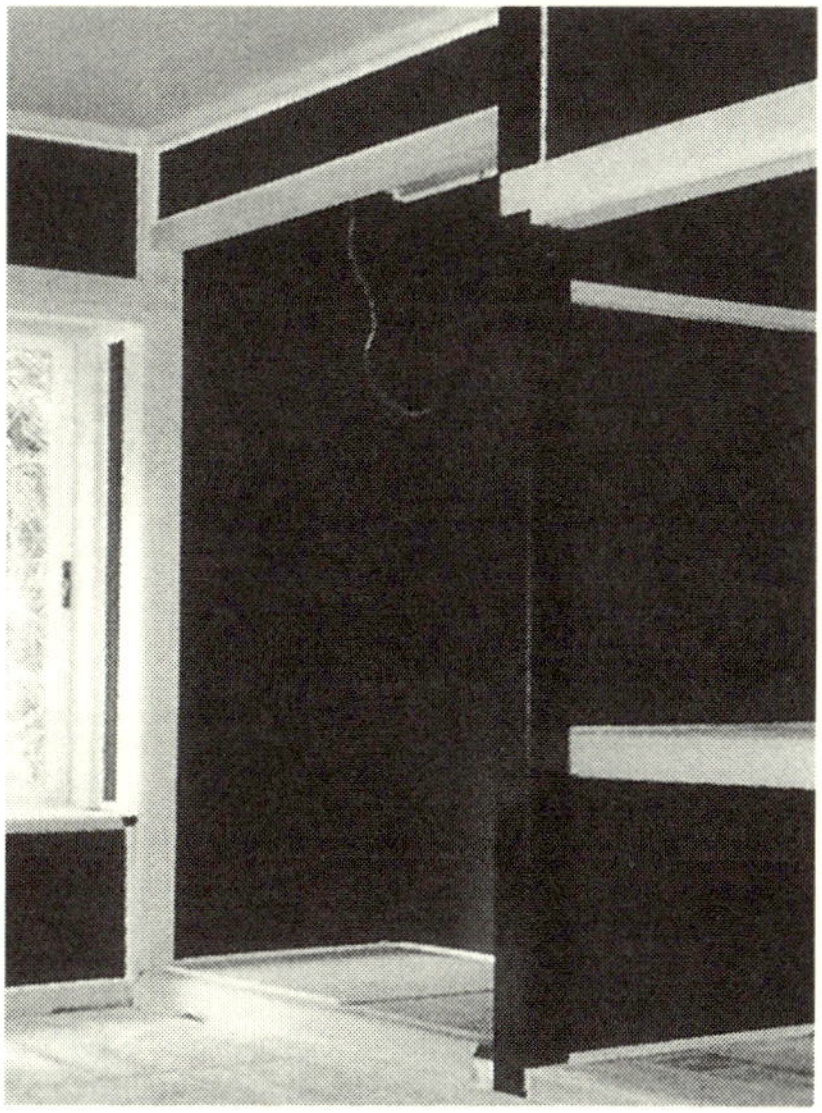

液状木炭を壁面に塗布

性ガス、有機臭なども吸着します。効果もかなり持続します。

断熱効果も優れているので、冬の寒い日などでも暖房の効果が上がり、しかも床下からの冷気をさえぎるため、結露も防げ快適な生活ができます。

## ●床下

床下に調湿材として炭マットを敷き詰めると、湿気の影響を受けにくくなります。粉炭を不織布の袋に詰め、座布団のような形になっています。

廃材などを流動炭化炉等で炭化させた工業用途の炭も原料として使われます。直接床下の土の上に一定の厚みで敷き詰める方法もあります。

冬から夏にかけて床下の湿度は上昇し、床材や柱などの建築木材の含水率は増加します。夏は床下の湿度は一〇〇%、木材の含水率は二〇%以上になることも珍しくありません。これが、炭マットを床下一面に敷いておくと、湿度は九五%以下で結露せず、木材の含水率は二〇%以下になります。木材の含水率が二〇%以上になると、カビや木材腐朽性のキノコ類の発生が始まります。

木材は単なる老化や風化には非常に強い材料ですが、生物劣化である腐朽や害虫にはあまり強くありません。これらを防止することが木材を長もちさせる手段となります。防腐剤や防虫剤を塗布したりすることも有効ですが、一番効果のあるのは常時乾燥した環境に置くことです。

通常、建築材料として用いられる木材は天然乾燥で含水率一五%くらいです。天然乾燥だとこれくらいまでしか乾燥しません。

炭マットを敷くと夏の高温多湿期でもほぼこれに近い状態を保つことができ、木材の耐久性は飛躍的に延びるとされています。さらに炭は断熱効果も優れています。冷たい床下で起こる結露も防止し、木材を腐朽から守ります。

夏から冬にかけて乾燥が始まると、炭マットは今まで吸湿していた水分を放出します。木材は乾燥すると収縮します。また、部分によっても収縮率は異なるので、割れやねじれが生ずることがあります。このような状態になると、住宅の特定の部分に力がかかって狂いができてしまいます。

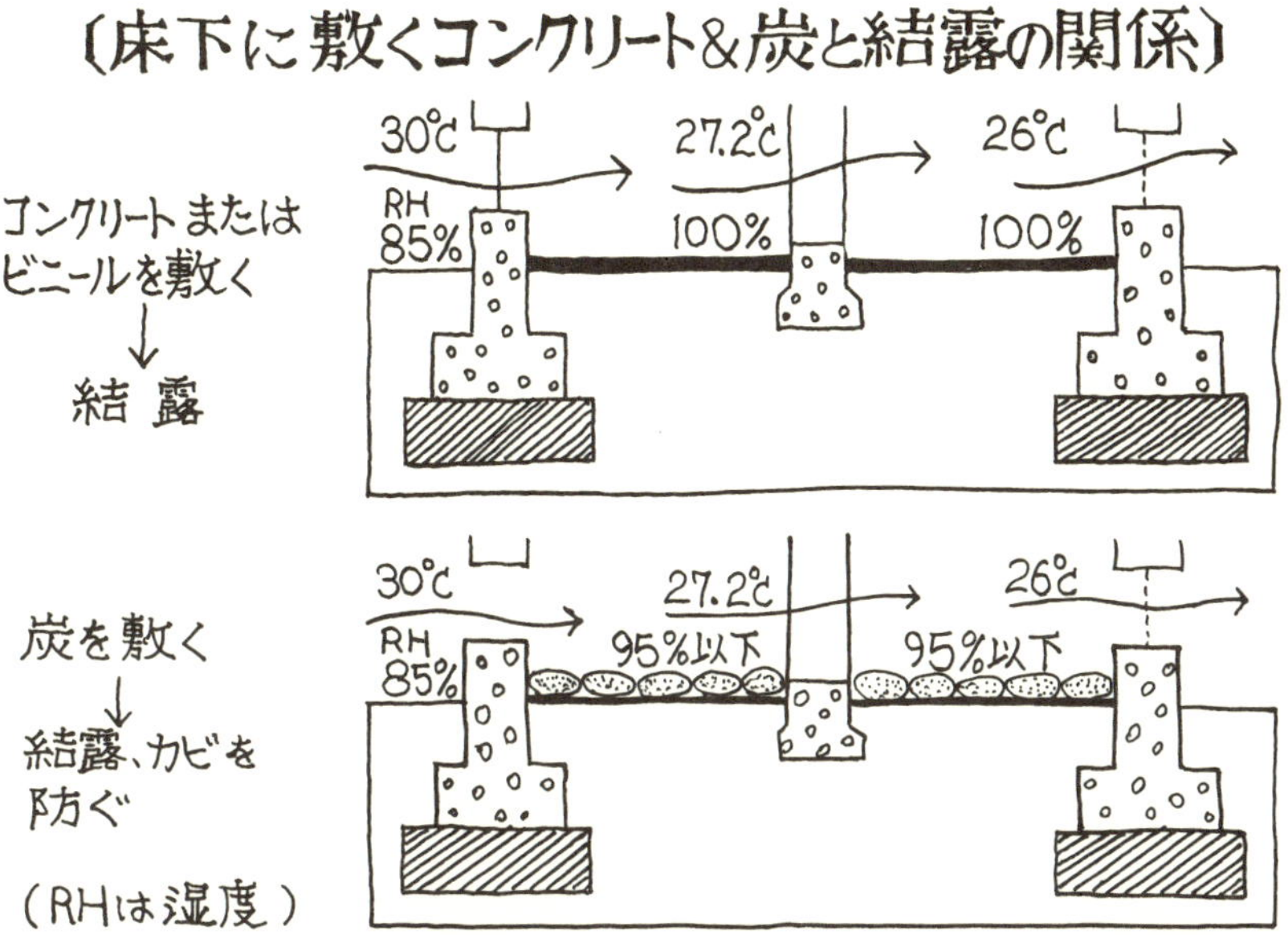

床下に袋入りの炭を敷く

床下にも液状木炭を塗る

炭マットの調湿性は床下の湿度を急激に変化させないので、木材に余計な力がかかりません。

## ●敷地の下

床下に湿気がたまる原因は、地中から地上部に向けて水分が上がってくることと、換気口から侵入する空気が冷えて起こります。この問題は、木炭を床下部に入れることにより解決できることを68頁でご説明しました。ここで紹介する炭埋法は住宅敷地やその近くに、一般的には一m径、一m深さの穴を掘り、その中にできるだけ高温履歴炭を埋め込む方法です。高温でやかれた炭は、62頁で説明したごとく、高温であればあるほど、外部からの電子を受け入れてマイナス帯電します。地下では、地電流が縦横無尽に数mVから数十mVの単位で流れています。この自然エネルギーをフルに活用しようとする方法です。

## ●マイナスイオン効果も期待

住環境空間に電子が放射されると、空気中のプラスイオンを中和し、総体的にマイナスイオンを増やすとともに、空気中の小さな水分子に取り込まれ、マイナス空気イオンになります。マイナス空気イオンは、体内の免疫力の強化、自律神経の調節に効果があると医学界からも発表されています。山深いところにある滝のまわりの空気や原生林の空気がさわやかなのも、マイナスイオンが発散されているためです。

実際に木炭を床下や敷地に利用する場合、床を上げたり、埋設したりとかなり大がかりな工事になります。新築、改築時に行うのがよいでしょう。

使用する量は、床下に木炭を入れる場合で、三・三㎡（一坪）当たり二〇〇ℓ程度、炭埋法で一穴（住宅敷地八〇坪前後有効）、六〇〇ℓ程度が標準です。材料コストは、床下敷炭法で、坪当たり一万数千円程度、埋炭法では、少し特殊な木炭を利用する関係で、一〇万円程度かかります。一度、床下に入れたり、敷地に埋設した場合、効果は半永久的に継続するので、薬品類を使うよりずっと効果がよいのです。しかも合成薬品と異なり、自然の素材なので、人体やまわりの環境に対しても安心です。

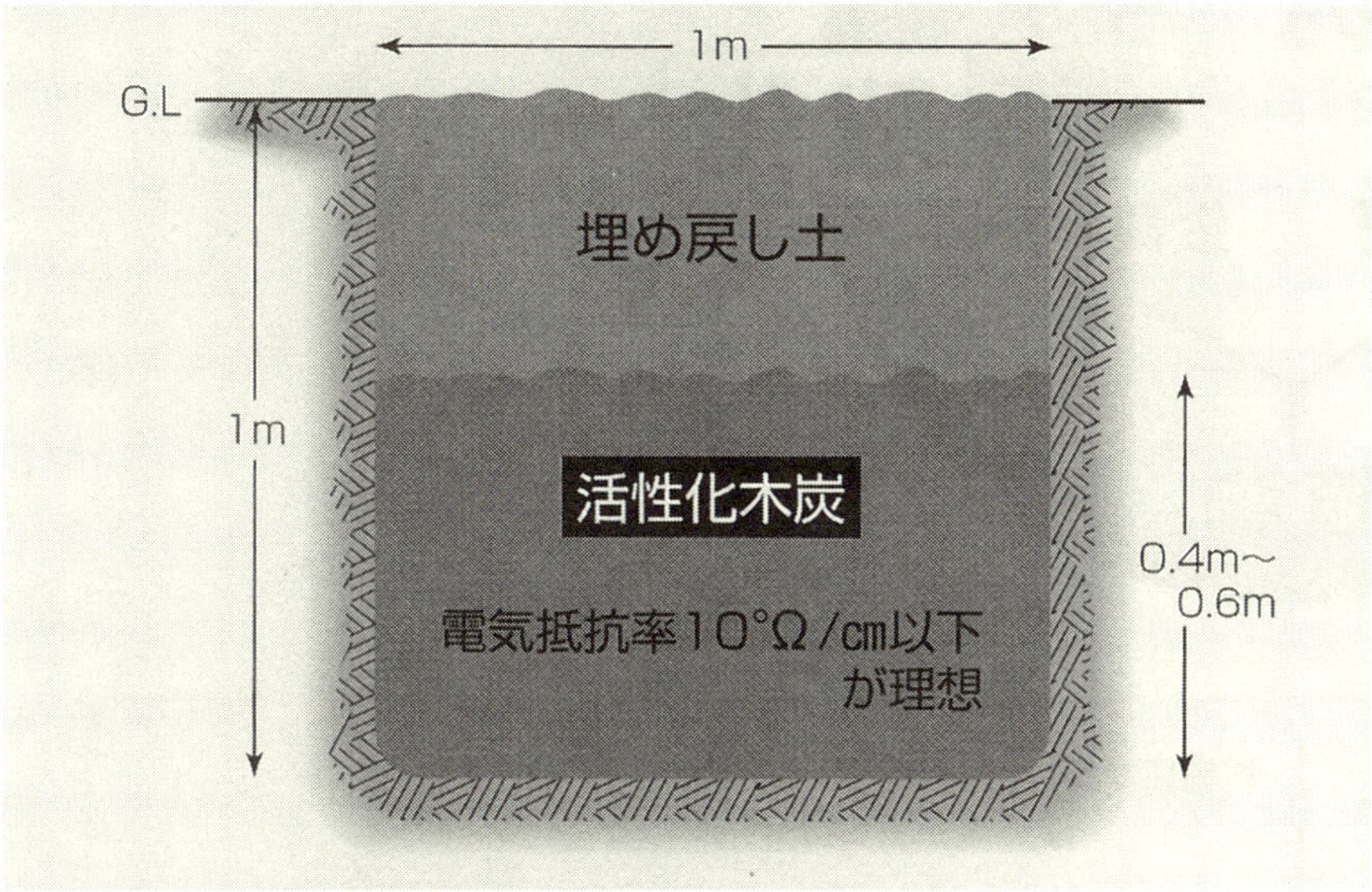


標準的な埋炭施工。健康周波数になるまで３～５か月必要

順次、埋炭を穴に入れる

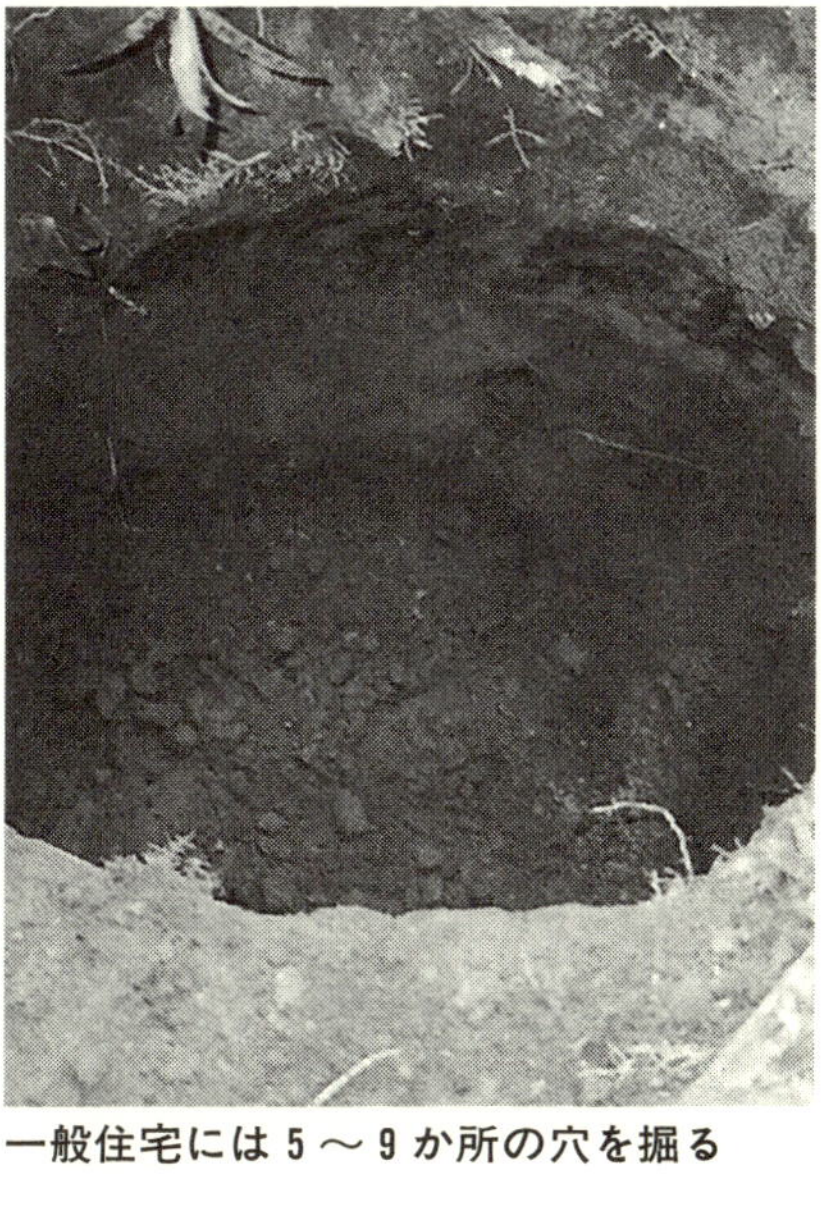

一般住宅には５～９か所の穴を掘る

# 炭化コルク入り畳で防カビ・防ダニ

**●畳床は清潔に**

最近の住宅は機密性が高くなってきました。このような中でワラ床の畳を使うと、畳床が適度な温度と湿気になり、ダニが発生したりします。対策としてワラに有機リン酸エステル系の殺虫剤を使用します。しかし、有機系の薬品なので、子供や妊婦、老人、皮膚が過敏な人、アレルギー性の疾病を持つ人から不安視されています。

　また、畳床にスチレンフォームを使った畳が現在主流になっています。大量生産が可能なので低価格、スチレン製なので軽く扱いやすいと、いろいろな利点がありますが、有毒ガスが出るので焼却ができない、調湿作用がはたらかない、などの問題点も抱えています。

**●コルクの炭はダニを防ぐ**

　そのようなかで、コルクガシの樹皮から取り出されるコルクを発泡し炭化したものを、ワラを使った畳床の真ん中に挟み込んだコルク畳が京都の畳店によって開発されました。

　コルクは細胞組織内に大量に空気を含み、化学薬品や有機溶剤にも安定し、断熱性や電気的な絶縁性、吸音性に優れた性質を持っています。

　この畳の特徴はコルクを乾留したときに出るタール状の物質をワラとの接着に用いている点です。試験機関のデータでは食品や畳に発生するケナガコナダニの発生が減少し、調湿性についてはスチレンフォームの畳より一・五倍優れているという結果が得られました。

　コルクのよいところをほとんど残し、炭ならではの優れた性質が加えられて、畳として優れた製品になりました。

　コストはやや高めですが、ワラの自然な弾力を生かし、昔ながらの畳のよさを残しつつ欠点を取り除いた点が評価されます。

CHARCOAL LIFE

# 第3章

# 炭は健康・美容のサポーター

竹炭カフスボタンなど(工房炭俵「福竹」

# 炭・竹炭グッズでヒーリング

## ●炭はマイナスイオンを出す

炭博士といわれる岸本定吉氏は、炭に囲まれた生活を実践しています。応接間にはオブジェ的にお花炭が飾られ、備長炭《びんちょうたん》が置かれています。

その部屋に入ると空気清浄機を使っているわけではないのに、さわやかな清涼感が漂い、落ち着いた気分になります。吸着・浄化・吸湿作用などすでにわかっている炭の効能以外に、炭の持つ電子特性を目下研究されているところです。

ノーベル物理化学賞を受賞したレナード博士は、空気中に浮遊している水分子の中で、比較的大きな粒子のものはプラス帯電しているけれども、より微細なものはマイナス帯電のものが多いということを突き止め、これをマイナスイオン（アニオン）と呼ぶようになりました。炭は内部表面に電子を蓄えることができますが、その電位を測定するとマイナス電位になることがわかっています。

微量であるにしても、炭がマイナスイオンを放射することで、空気中のプラスイオン（カチオン）が中和されるということは十分考えられ、一種のヒーリング効果になっていると考えられています。炭が空気中の臭気を吸着しているという物理的な作用も、さわやかな気分にする上でプラスになっていることでしょう。

## ●炭を飾って楽しもう

炭がたくさんそのままの状態で置かれていたとしても、黒い色は見た目にも落ち着いて感じられます。籐の籠に入れたり、小さな瓶に炭を入れたりして飾りましょう。竹炭《ちくたん》はもとの青竹のイメージがさわやかで、炭の形もよいせいで、より一層清涼感があります。最近は和紙や布で炭を包んだ、ファンシーグッズのような商品も登場。炭を包み端を縛ってリボンをかけたりします。

炭(ヤダケ)を編んだミニすだれ

竹筒と竹炭にくるまったかぐや姫

砕いた竹炭をグラスに入れて飾る

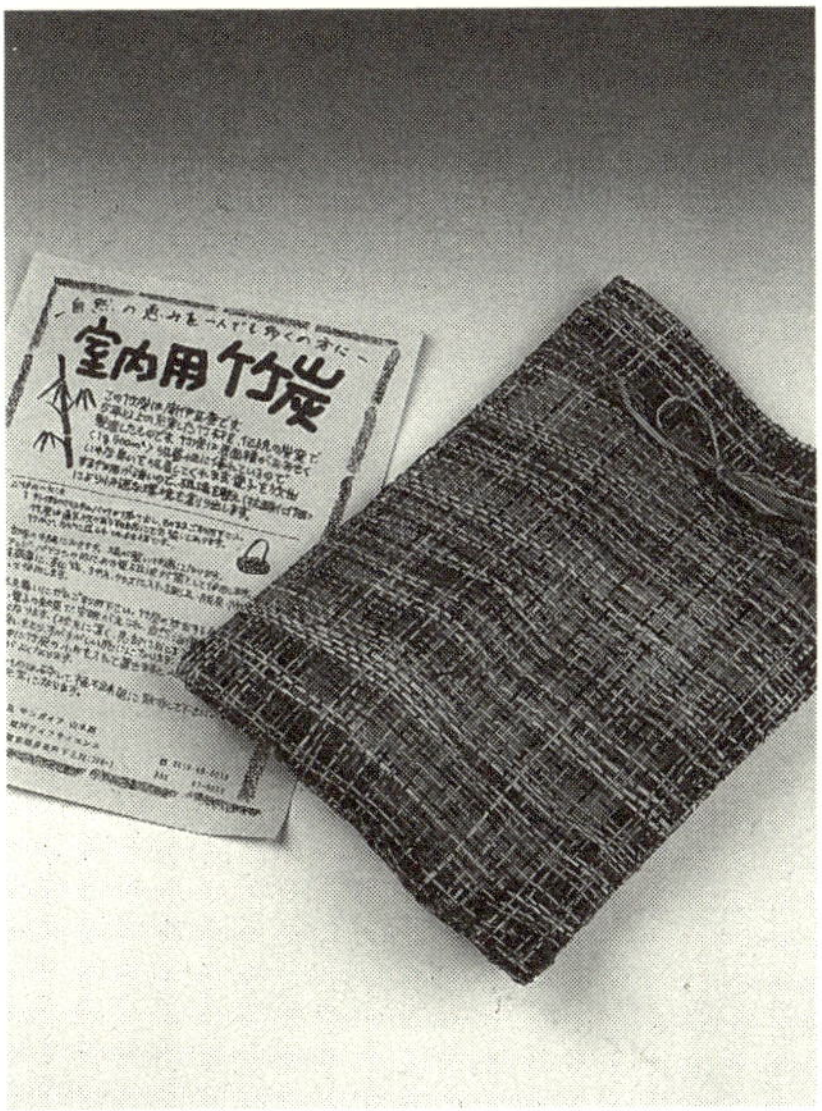


調湿用の竹炭グッズ

# 炭・木酢液入り風呂で温泉気分

## ●一番風呂をまろやかにする

炭の家庭用用途で調理用に次いで、最も多くの製品が出ているのは浴用炭でしょう。市販製品には備長炭などの白炭《しろずみ》が多く用いられています。炭を購入してきて「入浴用」に利用する場合にも、やはり白炭を使うことをおすすめします。

白炭はかたくて壊れにくく、また内部表面積が大きいので、塩素の吸着などの物理的効果と、ミネラル溶出によって湯をアルカリ性にするなどの化学的効果があります。

一番風呂のサラ湯に入ると、皮膚をピリピリと刺すような感触があります。これは水中の塩素が皮膚に作用するからです。炭を入れると、このピリピリ感を緩和します。

炭には炭酸カリウムや炭酸カルシウムなどアルカリ成分のミネラルが一～三％含まれ、浴槽に入れると、炭に含まれるミネラル分が溶け出します。日本の水は、どちらかといえば酸性から中性であるため、炭を入れるとミネラル分が中和してくれるのです。

また、赤外線効果で水の分子を共振して小さくするので、肌にまろやかな湯になります。同時に、体の芯まで温まり、湯冷めしにくくなるので、ぐっすりと安眠できます。

## ●温泉や銭湯でも炭湯が好評

ｐＨが七より小さいと酸性、七以上だとアルカリ性になります。日本の温泉は酸性が多いのですが、アルカリイオンを多く含むアルカリ性温泉もあり、ｐＨ八・六の湯河原温泉（神奈川県）やｐＨ一〇・三の広沢寺温泉（神奈川県）などは、肌がつるつるになると高い評判を得ています。

また、近年は「炭湯」「備長炭湯」をうたった温泉も出てきました。山梨県鳴沢村の「富士眺望の湯ゆらり」は、日本初のヒーリング温泉をうた

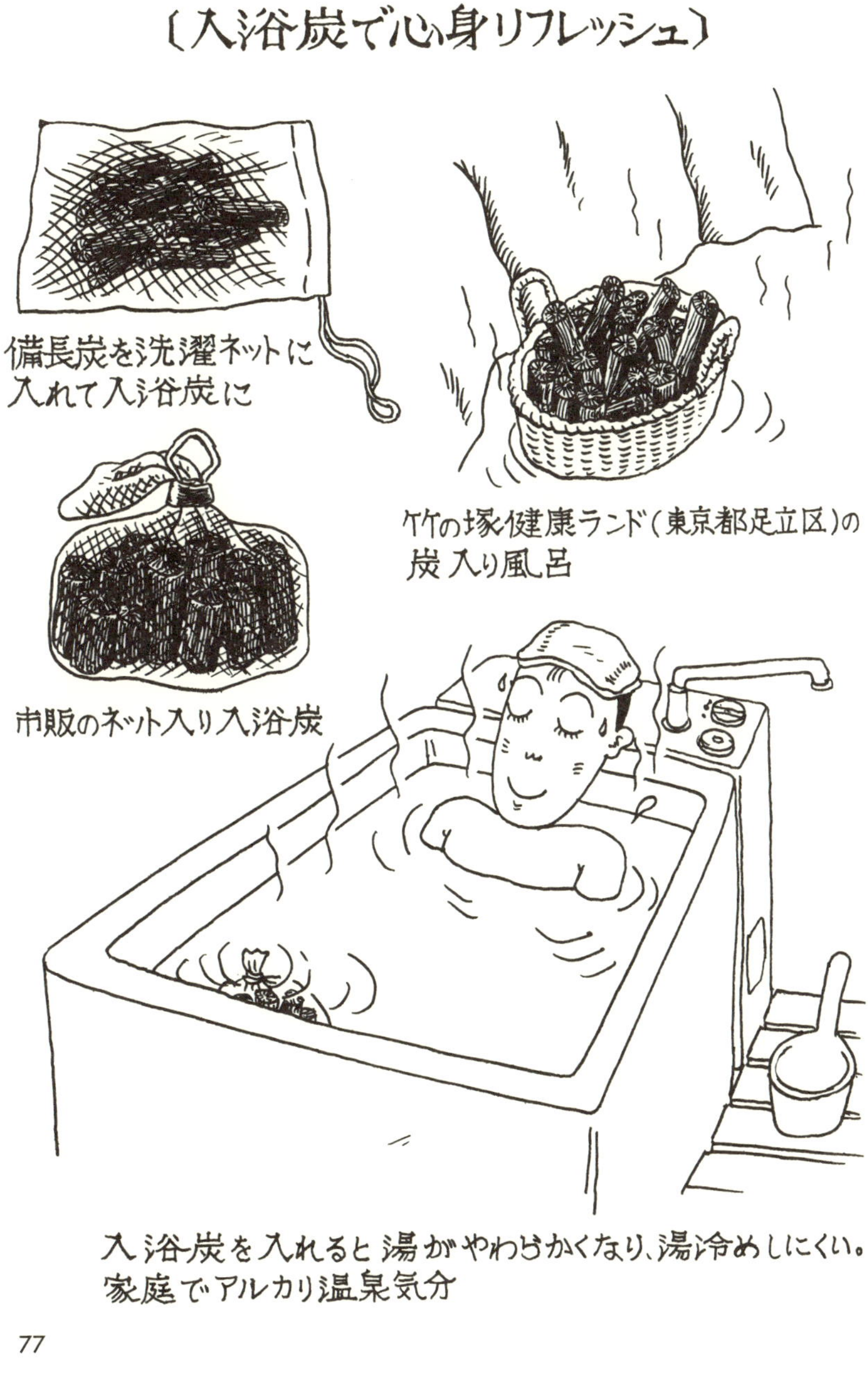
〔入浴炭で心身リフレッシュ〕
備長炭を洗濯ネットに
入れて入浴炭に
竹の塚健康ランド（東京都足立区）の
炭入り風呂
市販のネット入り入浴炭
入浴炭を入れると湯がやわらかくなり、湯冷めしにくい。
家庭でアルカリ温泉気分

っていて、用意している一六種類の風呂の中に炭湯が入っています。「備長炭の持つ解毒作用によって、人間が本来持っている自然治癒力を高める」ということをヒーリング効果としています。

銭湯でも近ごろは「炭湯」がよく使われているそうです。東京都公衆浴場業環境衛生同業組合が発行する無料情報誌「一〇一〇」（セントウ）の二十一号（一九九六年）には、備長炭五kgと木酢《もくさく》液《えき》一ℓをひそかに入れたところ、これまでとは違うまろやかな風呂として好評を博したことが紹介されています。銭湯の評判が高まった上に、一石二鳥であったのは、浴槽が汚れにくくなったことです。これは、炭にすみついた微生物が湯垢や汚れを分解してしまうためだからと考えられます。結果として「終《しま》い掃除」不要になります。

家庭用の風呂でも、この点を実感している人は多いようです。カビの原因にもなる湯垢が少なくなるので、カビも発生しにくくなります。

### ●家庭での炭湯が急増中

家庭で炭湯を実践している人たちも増えてきています。とくにアトピー性皮膚炎の人には好評です。肌が弱いと、水に含まれる塩素が皮膚に刺激をもたらしますが、炭が塩素を吸着してくれるので、症状が緩和されます。

このほか「湯冷めせず、肩こりが軽くなった」「ニキビあとが治って肌がつるつるになった」と効き目を実感する人が多くいます。

外国のバスタブは汚れを落とすのを目的としていますが、日本における風呂は一日の疲れを癒《いや》し、明日の鋭気を養う空間でもあります。じっくりと湯につかれば、炭の浄化・解毒作用で汚れが落ち、ミネラル分が溶け出して血行がよくなるなどの効果があります。その意味では、炭はヒーリング効果を持つ最たるものといえましょう。

炭湯は、肩こり、腰痛、神経痛、冷え性、アトピー性皮膚炎や水虫などの各皮膚病に効果が高いようです。

### ●水から炭を入れる

三〇〇ℓの浴槽の場合、白炭一kgが目安です。家庭用の浴槽では一～一・五kgになります。

## 〔入浴炭の使用量、使い方と効果〕

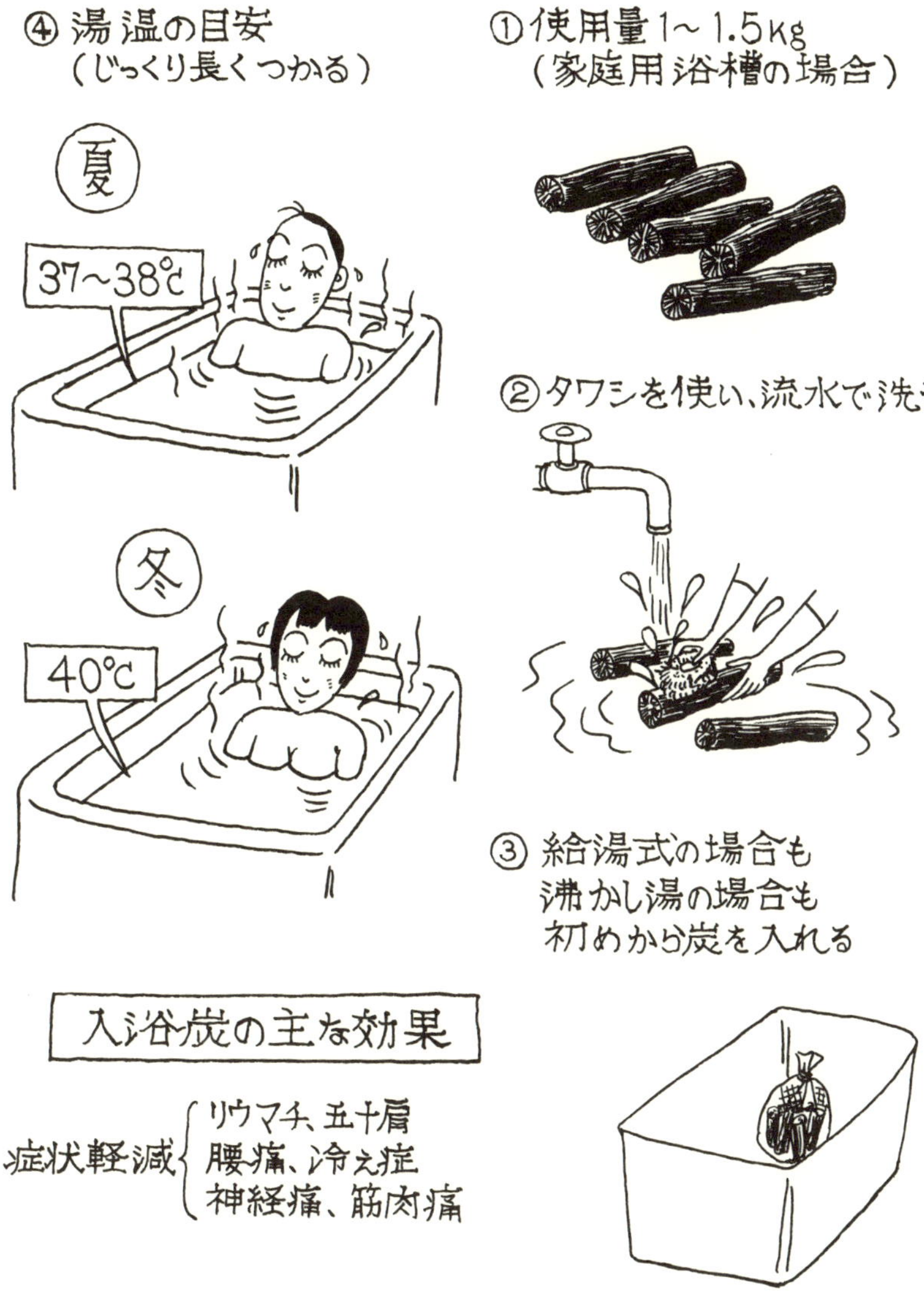
①使用量1～1.5kg
（家庭用浴槽の場合）
②タワシを使い、流水で洗う
③給湯式の場合も
沸かし湯の場合も
初めから炭を入れる
④湯温の目安
（じっくり長くつかる）
夏
37～38℃
冬
40℃
入浴炭の主な効果
症状軽減
リウマチ、五十肩
腰痛、冷え症
神経痛、筋肉痛

使い始めはタワシを使って水で洗います。粉炭などがついていると湯が黒ずんでしまうので、黒い粉が出なくなるまで流水で洗ってください。

洗った炭を洗濯用ネットなどに入れ、浴槽に入れます。給湯式ならお湯を入れ始めるときから、沸かす場合は水から炭を入れておきましょう。お湯が沸くときに冷たい水と熱い水の温度差ができ、湯が対流します。その結果、お湯全体がまんべんなく炭と接触するようになり、吸着効果を高めます。そして、水に含まれる残留塩素やトリハロメタンなどの有害物質が炭の孔に吸着され、また、炭の持つアルカリ性により、アルカリ温泉と同じような湯になります。

入浴後、炭はお湯から取り出して水を切り、よく乾かします。繰り返し使用できますが、一週間に一度くらいは水道の流し水で洗い、陰干しします。保管するときは、放置せずに、雑菌がつかないようにきれいな布や袋などに入れておきます。濡れたまま保管してはいけません。

ミネラル効果があるのはお風呂十回分くらいなので、一か月に一回くらいの割合で取り換えましょう。他の入浴剤と併用してはいけません。入浴剤の色素や香り、薬品類を吸着して炭の効果が半減してしまいます。

使い終えた炭は、砕いて園芸用などにします。

## ●木酢液の併用で効果アップ

炭と木酢液を併用するときには、炭を出してから入浴時に木酢液を入れるのがよいでしょう。木酢液には吸着作用はないので、炭を入れてお湯をきれいにしてから、入れるようにします。

風呂が沸いてから約一五〜三〇cc（コップ六分の一）の木酢液を加え、よくかき回します。木酢液の成分が肌によい効果を与えます。

木酢液には燻《いぶ》したような一種独特のにおいがありますが、慣れてしまうと森林浴のような清々しさがあります。アロマセラピー効果も期待できそうです。また、木酢液の湯は入浴時にシャンプーやリンスにも利用できます。

今日は炭湯、明日は木酢湯と交互に入浴するのも日替わり温泉のようで楽しいものです。

竹炭製品（ナースバンク）

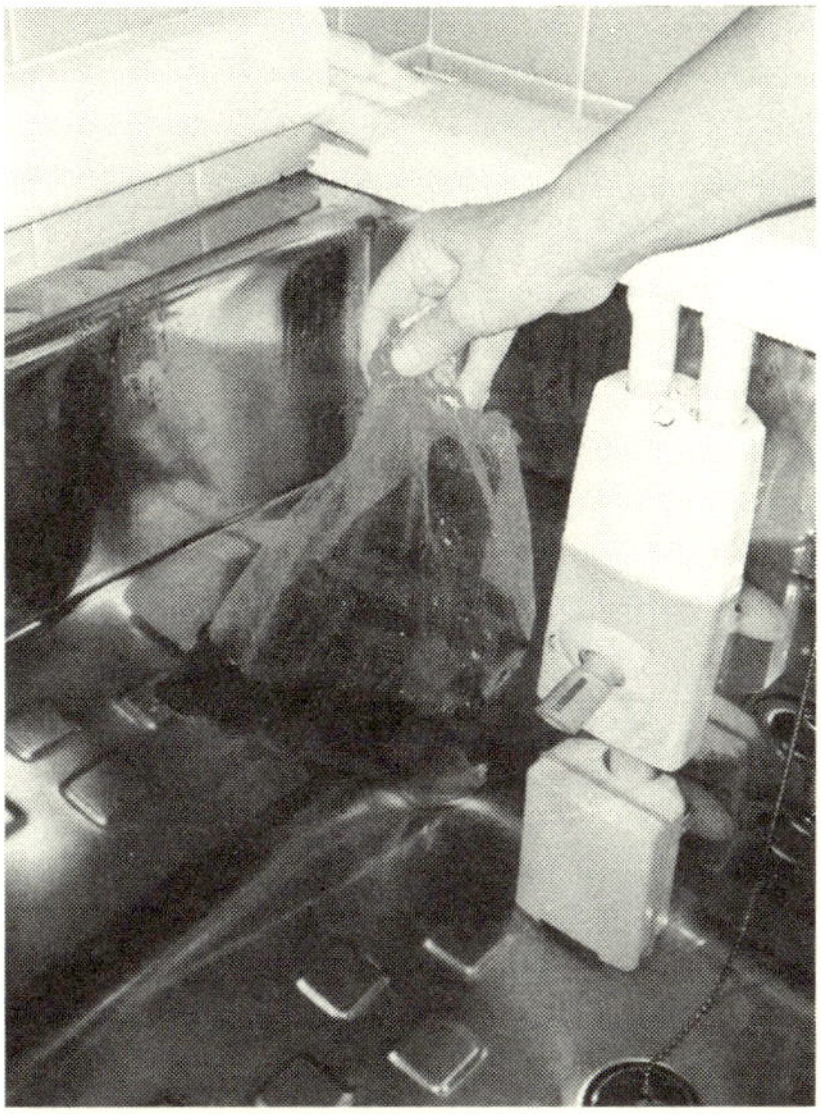

炭入り風呂で名湯気分

木酢液を加え、効能アップ

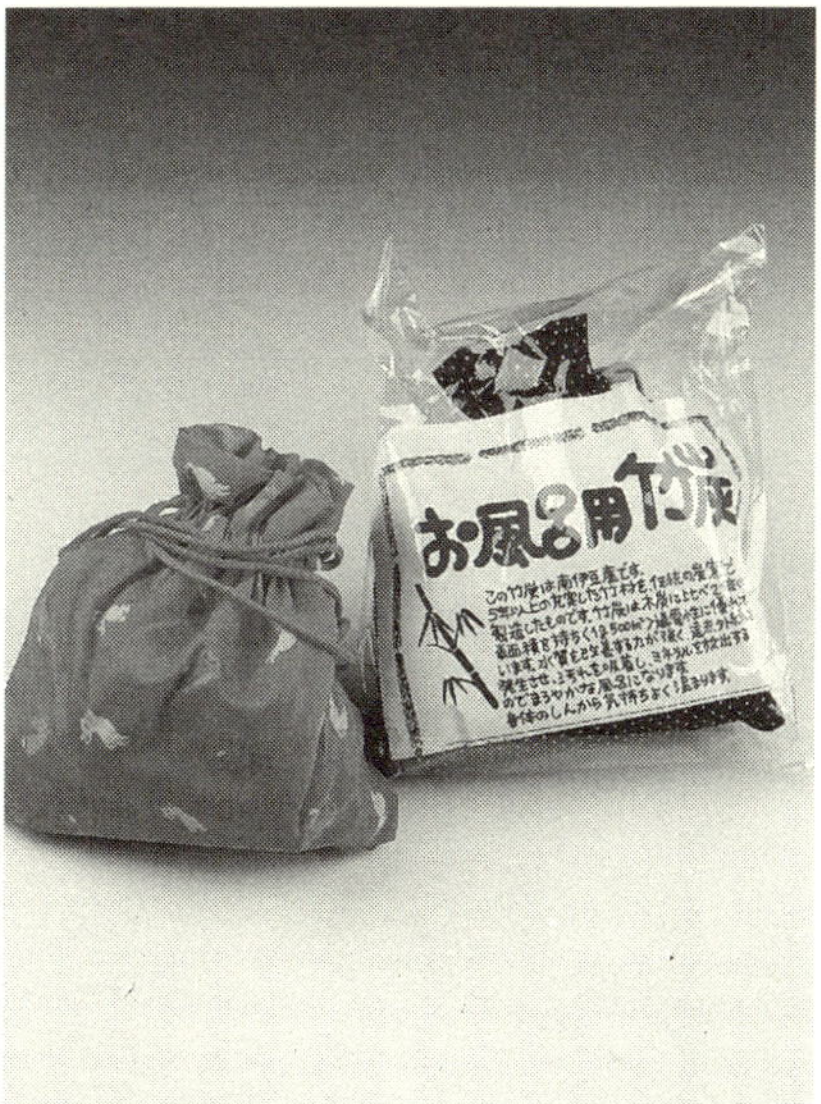


風呂用竹炭セット

# 炭を肌に当て、体調を整える

## ●経絡のつぼを炭で刺激する

宮城県仙台市ではり治療院を開いている松田豊さんは、治療室に炭を置くだけでなく、治療にも木炭と竹炭を利用しています。

松田さんのところに通ってくる患者に長い間糖尿病にかかっていて食欲がないという人がいました。そこで、試験的に炭を腹部に当てる治療を続けてみると、なんと食欲が出てきたというのです。

なぜ炭を当てるだけでよくなったか。松田さんは「体内に流れている経絡《けいらく》のつぼを炭で刺激したから」と考えました。つぼといえば、目は肝臓、舌は心臓、耳は腎臓といった具合に、密接に関係しています。

マッサージ治療を受けた人ならばおわかりでしょうが、腰が痛いからといっても、外反母趾《がいはんぼし》の足をかばうために腰痛を引き起こしたというようなこともあります。こういうときは腰をマッサージするだけでなく、要因となった部位を治療することで、痛みを軽減することができるのです。

## ●経絡のバランスの乱れを調節する

中国医学では人の体は、「気」「血《けつ》」「津液《しんえき》」の三つの要素が絡み合い、絶え間なく流れ、変化して活動が営まれていると考えられています。

「気」は「気が満ちている」と使われるように人体を活性化するエネルギー源であり、「血」は血液の流れやホルモン分泌などを調節し、「津液」は体内をゆっくりと流れて体の各器官を潤し、免疫的なはたらきをします。

経絡は人体内部を縦横無尽に走り、体の各器官や筋肉、皮膚などを結んで、気・血・津液の通り道になっています。経絡に一二本の経脈があり、おのおのが「五臓六腑」と、さらに脳・髄・骨などの「奇恒《きこう》の腑」とつながっていると考えられます。そこで、体の表面にあらわれた症状で内臓器

## 〔炭を肌や体に当て、症状を軽減〕

竹炭で手のつぼを刺激。また、体当ての炭を腹部などにのせたりする療法を併用し、効果をあげている

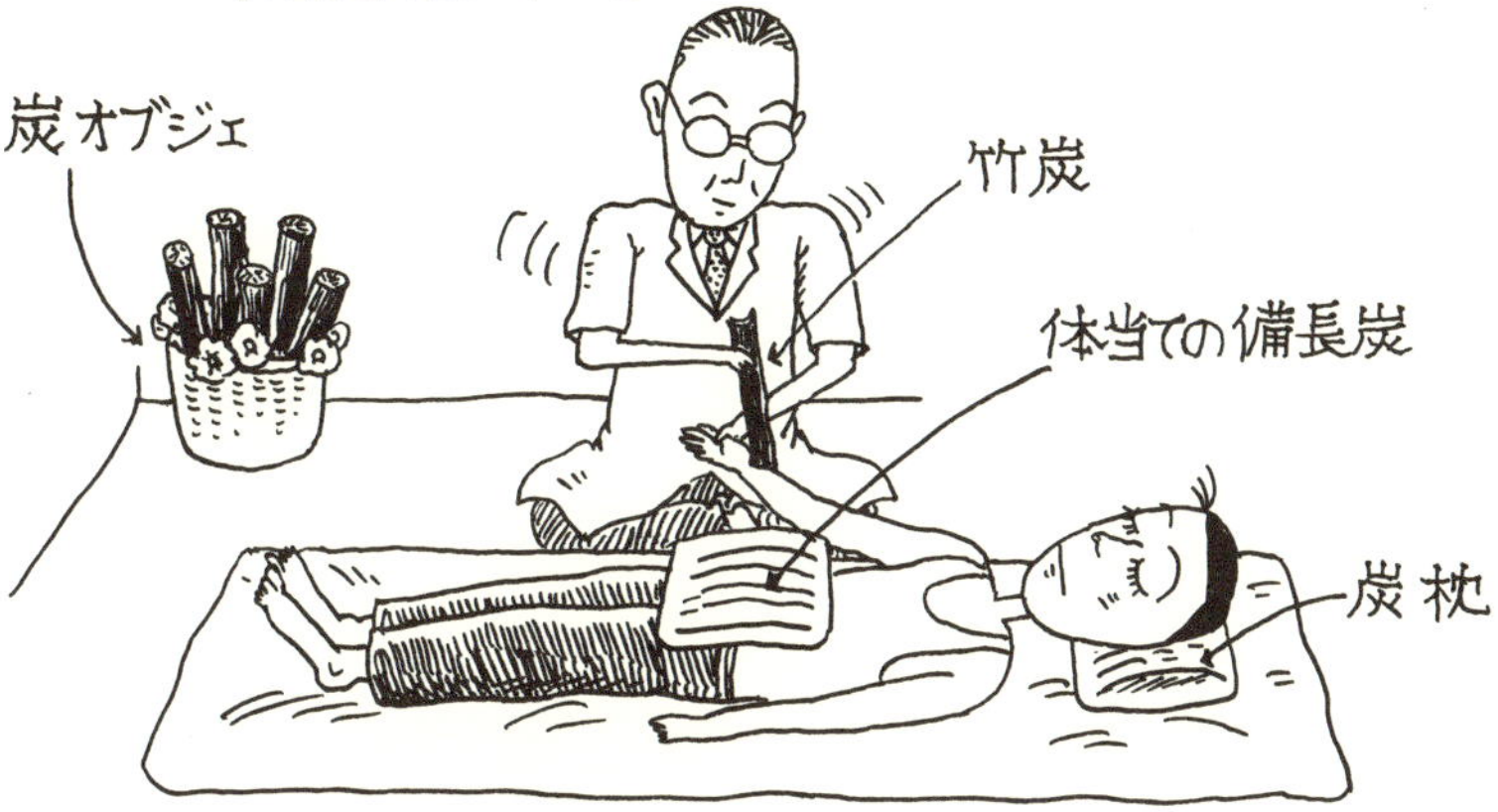


松田式顔面・頭部反応帯

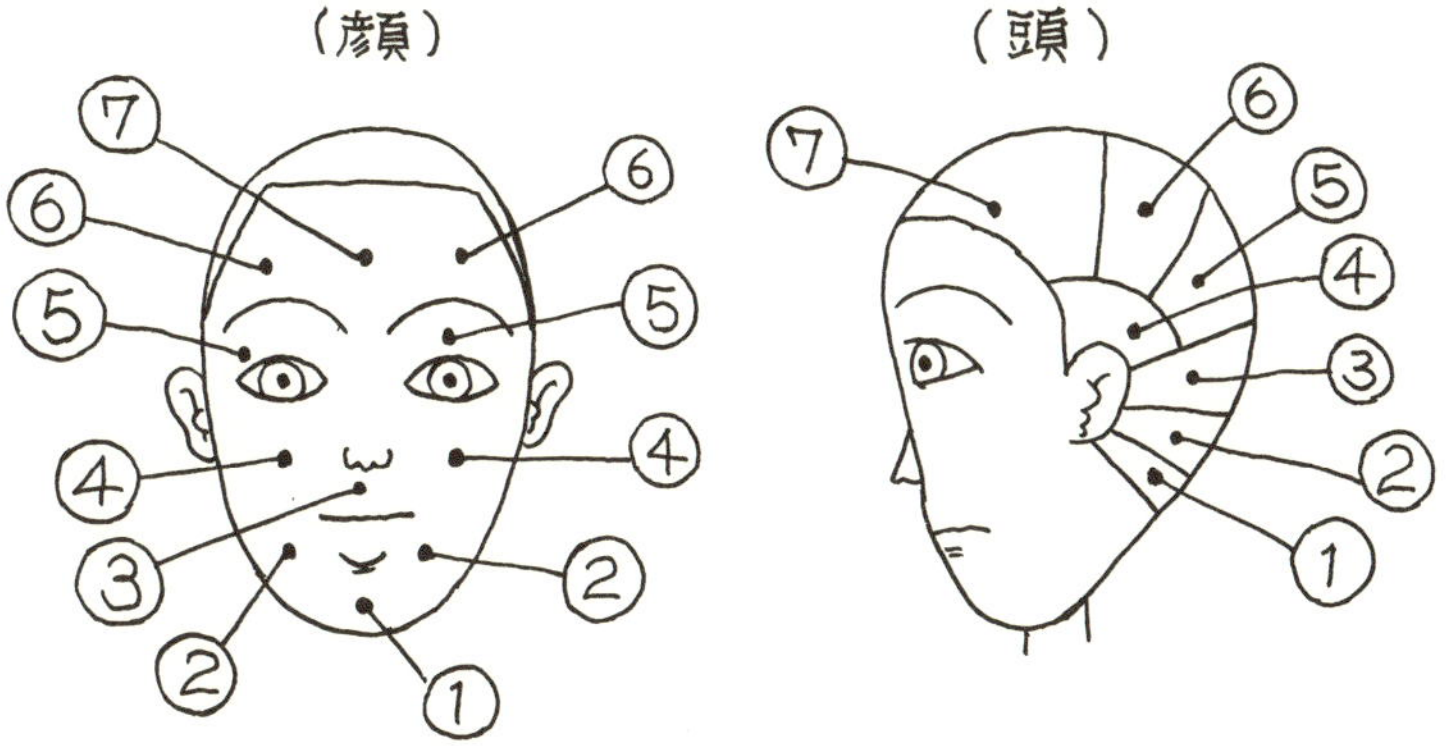


①気管　②肺　③心臓　④肝臓、胆臓
⑤腎臓　⑥大腸　⑦膀胱、生殖器

注）『日本農業新聞』（1999年1月19日）より

官の不調や異常を知ることができるのです。

ですから、つぼを刺激するというのは、経絡のバランスが乱れた状態であるのを、本来の状態に戻すということです。炭の場合、脳波を低周波にし、いわゆる脳内モルヒネの分泌を促すことがわかっています。この効果で自然治癒力を高めていると考えられます。

したがって、胃が不調である患者には、胃と関係している両頬に炭を当て、ゆっくりとなでるように刺激を与えればよいのです。

備長炭は二〇～三〇分間患部に当てるために、七、八本を布の袋に入れ、マットにして利用しています。また、竹炭は刺激を与えやすいように、持ちやすい長さのものを電子治療器のように先を丸く細く削って使っています。これだと口元や耳の後ろ、眉の頭など、細かなつぼでも刺激することができます。

## ●直接痛いところを刺激しても効果あり

松田式顔面の反応帯は、内臓の機能異常と密接に関連しています。したがって、自覚症状がある場合には、その部位に関連する顔面反応帯を竹炭で刺激すると効果が得られます。

一方、背中や腰が痛いなど、体の後ろ側の異常は頭を刺激します。

また、直接触って痛い患部の異常点に刺激を加えることで症状を改善することもできます。

松田さんの治療した症例では、スキーでけがをして腕が水平に上がらなくなった患者に、腕の内側と外側の異常点を刺激したところ、一回目の治療で腕が上がるようになったそうです。

肩こりなどは異常点の上下二点を刺激すると、目に見えて効き目が出て患者に喜ばれています。

顔と同様に手のひらや足の裏も経絡が通っているといわれ、足の裏を棒で刺激する健康法に取り組んでいる人もいます。病気であれば、つぼの刺激は補助的治療で万能ではありません。しかし、生活習慣からくる病を何かしら抱える現代人にとっては、顔や足の裏を木炭・竹炭を使って刺激するのは、体調を整えるための一番の健康法であるかもしれません。

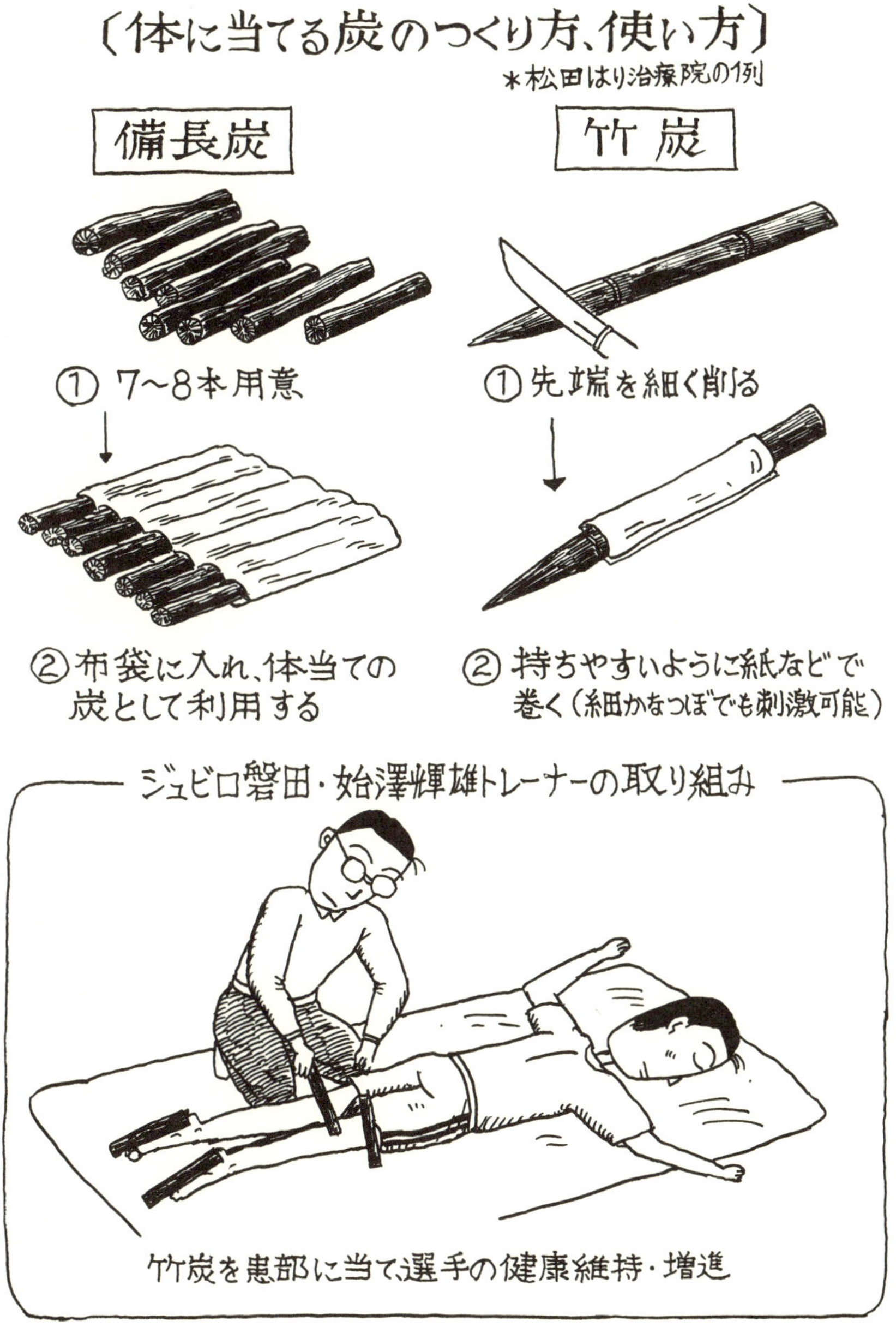
〔体に当てる炭のつくり方、使い方〕
＊松田はり治療院の例
備長炭
竹炭
① 7～8本用意
① 先端を細く削る
② 布袋に入れ、体当ての炭として利用する
② 持ちやすいように紙などで巻く（細かなつぼでも刺激可能）
ジュビロ磐田・始澤輝雄トレーナーの取り組み
竹炭を患部に当て、選手の健康維持・増進

# 竹炭マッサージで痛み取り治療

## ●波動を低くするはたらき

　最近「波動」という言葉をよく耳にします。波動の考え方は、西洋医学と東洋医学の中間に位置する「量子医学」からきたものです。

　私たちの内臓器官は一つひとつが細胞の集まりで、細胞は分子の集まりであり、分子はさらに原子で構成されています。各原子は原子核と素粒子と呼ばれる電子で構成されています。電子は固有の振動数を持つ波動を発信し、また他からの磁場の影響を受けやすくなっています。脳波も波動と密接な関係があるとみられています。波動値がマイナスであれば細胞全体が病んでいて、プラスを帯びていれば健康であると考えられています。プラスをもたらす波動が、気のエネルギーを整えて、体全体を活性化するというのが波動の基本的な考え方です。

　個々の物体から発信されている周波数を計測して波動値を求めるという波動計も発売されています。人の健康に「大変よい周波数」が〇～一〇ヘルツ、「まあまあよい周波数」が一一～一三ヘルツ、「どちらともいえない周波数」が一四～一三ヘルツ、「あまりよくない周波数」が一七～二一ヘルツ、「大変悪い周波数」二二ヘルツ以上といわれています。

　日本では住環境や物質の発する周波数が健康にどう影響しているかを調べるために波動の考え方が応用されています。安全性にこだわった食品を販売するあるスーパーでは、食品の波動値を計測して安全性の高い食品を販売する目安にしているほどです。波動の考え方が浸透すれば、炭はますます注目されるでしょう。炭は波動値を低く、すなわち低周波にするはたらきがあるからです。

## ●竹炭を歯の治療に生かす

　こうした炭のはたらきに着目し、一九九七年に

〔竹炭マッサージで患部の痛みを解消〕

竹炭マッサージの例を示す田村先生

マッサージ用の竹炭

角を丸めた竹炭　　未使用の竹炭

疼痛をともなう患部周辺を順次軽くマッサージ。
針治療と同じ血行を促す効果

学会誌に発表した歯科医師がいます。静岡県竜洋町にある田村歯科医院の田村享生氏は、治療に食養生や、はり治療を取り入れてきました。歯を治すだけでなく、体内の気の流れをよくして自然治癒力を高めれば痛みの改善にもつながると考えたからです。

そこで、平たいので使いやすい竹炭を使って、口腔内や関連部位に痛みのある患者一八人に、手の甲の親指からひじにかけての部分と首筋や肩のこっている部分、それに直接痛みがある患部を一五分ほどマッサージしてもらい、痛みの具合を調べました。マッサージ後に手が温まったと実感した人が八割、痛みが改善したという人は七割近くもいました。

こののち、竹炭マッサージは、虫歯による歯痛、歯肉炎、口内炎、抜糸後の痛みなどにも効果があることが実証されました。

## ●さまざまな要素が重なり合う

竹炭は一五㎝くらいのものの角を丸めて用います。角の部分で皮膚を押したり、側面の部分でなだらかになでていきます。説明をよく聞き、無心にマッサージしている人には著効の事例が多く、関心を示していない人はマッサージをしても効果が薄いという傾向もありました。多分に心理的なものも影響しているかもしれません。

竹炭を使ったマッサージをしたあと、脳波を計測したところ、脳波が低周波となり患者が心身ともに落ち着いていることがわかりました。いわば波動が高まったという状態です。マッサージをしたことで体温が上がり、経絡の流れがよくなった結果、自然治癒力が高まり、鎮痛効果が出たと考えられます。

遠赤外線による温熱治療がありますが、炭が微量ながらも赤外線を放射していること、炭の中に脳波を低周波に誘導するはたらきがあること、マイナスイオンを放出して周囲をマイナスイオン化することなど、さまざまな要因が重なり合って鎮痛効果を上げたという見方ができます。竹炭マッサージは気や血液の流れを改善し、副作用もないので手軽にでき、家庭療法には最適です。

## 〔口腔関連愁訴と竹炭マッサージ効果〕

| 患者 | 性別 | 年齢 | 口腔関連愁訴 | その改善度 | 手の温まる程度 | その他 |
|---|---|---|---|---|---|---|
| 1 | ♂ | 32 | ⌈67 抜歯後疼痛 | ± | − | |
| 2 | ♀ | 64 | 1┼1 抜歯後疼痛 | ++ | ± | |
| 3 | ♀ | 61 | 再性再発性アフタ | − | ± | |
| 4 | ♀ | 35 | 1⌋ Per, 疼痛、腫脹 | ± | ± | |
| 5 | ♀ | 80 | 21⌋ P急性発作 | + | ++ | 手・腕の動きがスムーズになった。体が軽くなった |
| 6 | ♀ | 59 | ⌊45 麻抜後疼痛 | + | ++ | いつもは冷たい手足がポカポカする。全身が温かい<br>リウマチで動かなかった手が動くようになった |
| 7 | ♀ | 65 | 6⌋ P急性発作 | + | + | 腕・肩が温かい |
| 8 | ♂ | 37 | TMD<br>首肩の著しいこり | ± | − | |
| 9 | ♀ | 49 | 6⌋ GA疼痛腫腺 | ± | + | |
| 10 | ♀ | 47 | TMD<br>首肩の著しいこり | + | + | 手の色が赤みがかってきた<br>静脈が浮き上がってきて<br>血流がよくなった |
| 11 | ♂ | 37 | Pericoによる開口 | − | − | |
| 12 | ♂ | 63 | ⌊45 Pによる咬合痛 | − | ± | |
| 13 | ♀ | 66 | 8⌉ 抜抜歯後疼痛 | + | ± | |
| 14 | ♀ | 34 | 3┼3 歯根膜炎、歯が浮いた | − | − | |
| 15 | ♀ | 72 | 7⌉ GA, 右下顎全体が痛い | + | ++ | 全身が温かくなった |
| 16 | ♀ | 35 | $C_3$, $C_4$ 多数、咬合崩壊<br>肩凝顕著、歯肉腫脹 | − | + | 顔色に赤みが差してきた |
| 17 | ♀ | 72 | ⌈2 Per 疼痛 | ± | ± | 手・腕・肩が温かい |
| 18 | ♀ | 62 | ⌈56 P 異和感 | − | + | 肌荒れの強い青白い手の血行がよくなった |

注）『竹炭の臨床応用およびその考察』（田村享生，日本歯科東洋医学会誌 第16巻第1号別冊）より

# 知られざる「炭を食べる」効能!?

### ●下痢や解毒に効く

炭を食べる!?と聞いてオドロク人も「風邪を引いたときに、梅干しを真っ黒にやき（炭化させる）熱湯をかけて飲むと体が温まってよい」という民間療法の話を聞いたことがあるでしょう。

紀元前の時代から炭の粉を飲めば病気が治ると信じられ、近世では内服薬、外科治療剤として医療面でも幅広く使われていました。

家畜が下痢をしたり、ガスがたまるなど腹具合が不調だと、「消し炭」を砕いて与えるというのは昔からの生活の知恵でよく試みられていました。炭が有害物質や毒物を吸着して、異常発酵を抑えるなどの効果が考えられます。

また、軟質炭を砕いて飼料に混ぜて食べさせると、体がアルカリ化して脂質の少ない豚肉や、肉質のよい魚、日もちのする卵が産まれるということがわかっています。

炭の中にごく微量含まれている炭素の一種に抗ガン作用やエイズの治療効果があることがわかり、注目されています。ガン予防のために炭を食べるということも現実味を帯びてきます。

### ●食べるならば薬用活性炭

薬用活性炭の「日本薬局方」による服用基準では「一日二〜二〇gを数回に分割経口投与する」とされています。

動物同様に下痢症や解毒などに効能がありますが、原理としては、炭を食べると、食品添加物や毒物などを炭が吸着して排泄するので健康にもよいということになります。このため、粉炭をごはんやおかずにふりかけて食べているという人もいます。炭は材質によってはかえって体に害になることもあります。また、炭は粉末の薬用炭を用いること。粉末でないと消化できずに胃腸を傷つけてしまうのでご注意を。

## 〔黒焼きは効きめのある民間療法〕

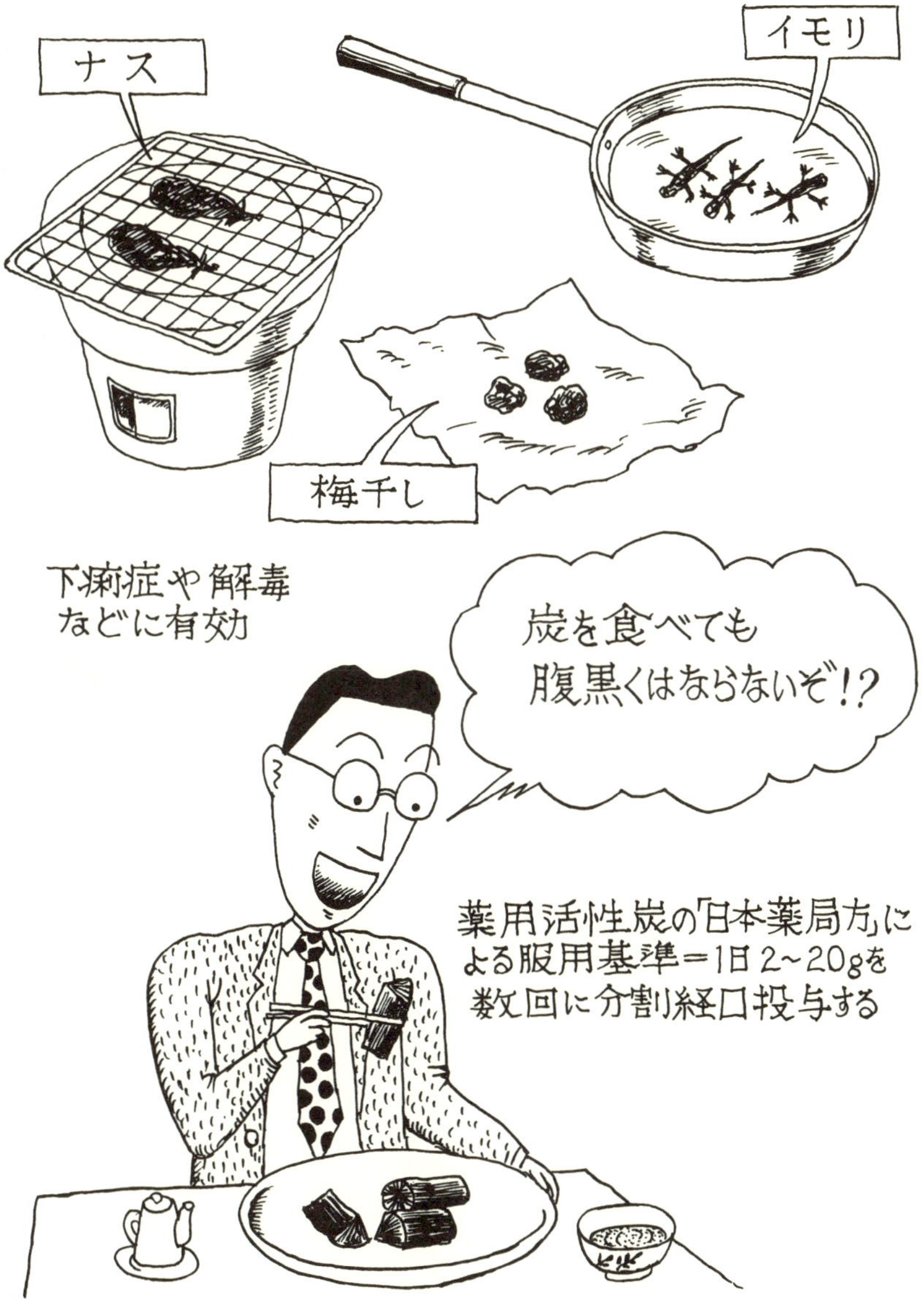

# 竹炭入り肌着、靴下で健康増進

## ●消臭効果と血行をよくする効果

炭を着る!?　ひと昔前ならば嘘のようなホントの話です。竹炭から出る遠赤外線は人体の吸収波長に最も適し、体内の細胞を活性化させるといわれています。竹炭は硅素やカリウムが多く、孔の表面積も炭より多いことから、抗菌・脱臭・調湿力は炭以上に優れています。

この竹炭の性質を利用して、超微粒の粉末状にした竹炭と竹酢液を、マイクロカプセルに閉じ込めて繊維に吹きつけるという特殊技術を応用した肌着や靴下が販売されています。

この肌着、靴下を用いることで、汗が細菌で分解されにくくなるので、その結果、においの発生が抑えられます。体臭も同様に吸着され、抗菌作用があります。遠赤外線の温熱効果による血行の促進などもうたわれています。洗ってもソフトな着心地、履き心地になるよう工夫されていますが、効果は四〇～五〇回でなくなるようです。

炭ずくめの生活で、さらに身につけるものまで炭が入り込めばまさに鬼に金棒です。

## ●水虫や皮膚病にも期待できる

足の裏は体のすべての器官とつながっているといわれ、やわらかく、すべすべとしているのが理想です。しかし、肌が角質化してきて、足の裏が象の皮のように分厚くなっていたり、ひび割れていたり、かかとがカサカサになっていたりするのは、皮膚病も含めて健康面でも阻害されているといえます。足は水虫やアトピー性皮膚炎などにもかかりやすいところです。そんな人たちのために、消臭・抗菌作用と遠赤外線効果のある竹炭入り靴下はとくによいようです。ソックスは、水虫にも効果がある五本指のものも販売されています。

靴下をより長もちさせるには、漂白剤を使用せずに洗ってください。

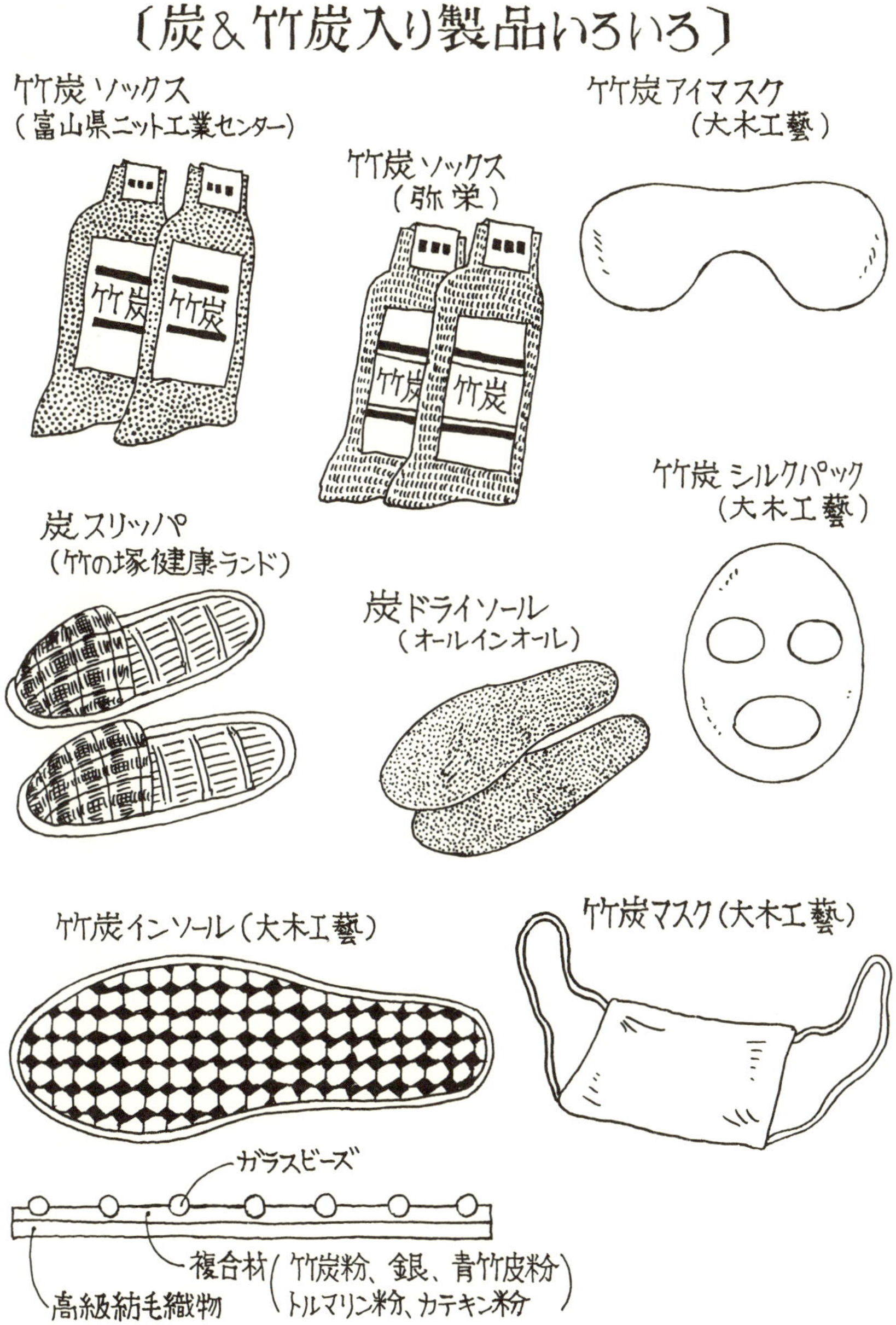
〔炭＆竹炭入り製品いろいろ〕
竹炭ソックス
（富山県ニット工業センター）
竹炭
竹炭ソックス
（弥栄）
竹炭
竹炭アイマスク
（大木工藝）
竹炭シルクパック
（大木工藝）
炭スリッパ
（竹の塚健康ランド）
炭ドライソール
（オールインオール）
竹炭インソール（大木工藝）
竹炭マスク（大木工藝）
ガラスビーズ
複合材（竹炭粉、銀、青竹皮粉
トルマリン粉、カテキン粉）
高級紡毛織物

# 木酢液で水虫、外傷を治す

## ●どんなタイプの水虫にも有効

水虫の特効薬を発明すればノーベル賞ものといわれてきました。水虫は白癬菌が皮膚の角質層に浸透して起こる皮膚病の一種です。皮膚がジュクジュクして強いかゆみのあるもの、かさついて皮がむけるものなど、不愉快な症状を引き起こします。また、水虫と間違えやすい皮膚病もあります。水虫以外の疾病に水虫の薬をつけると、皮膚炎を起こしてさらに悪化してしまいます。

民間療法では、酢水に足をつけるとよいといわれてきました。肌に浸透しやすい木酢液を利用するとさらに効果的です。木酢液に足をつけると、殺菌作用を持つ酢酸が白癬菌のはたらきを抑えます。継続使用することで、効果も上がり、水虫以外の疾病を悪化させることもありません。

メーカーに届く使用者からの声も「夏になると水虫に悩まされていたが、よくなった」というものが多く寄せられています。

㈲レジーナでは、木酢液に数種類のハーブを加えて熟成したエキスに、独自に開発したソックスを浸して一定時間履くというフットケア製品「ズムズムナイン」を販売しています。簡便なので、水虫に悩む女性にも人気が高いそうです。

## ●傷口を殺菌し、治癒力を高める

一方で、木酢液はすり傷や切り傷などにも効果があるといわれています。木酢液の持つフェノールと酢酸に殺菌作用があり、細菌を殺して感染症を予防します。加えて、木酢液は皮膚細胞を活性化させるので、治癒力も高まるのです。

ただし、精製度の高い木酢液を選ぶことが大切です。炭材や、窯の形状による木酢液の回収方法の違い、メーカーによる精製方法などにより、希釈倍率が違ってきます。希釈した製品もあるので、使用説明書に従ってください。

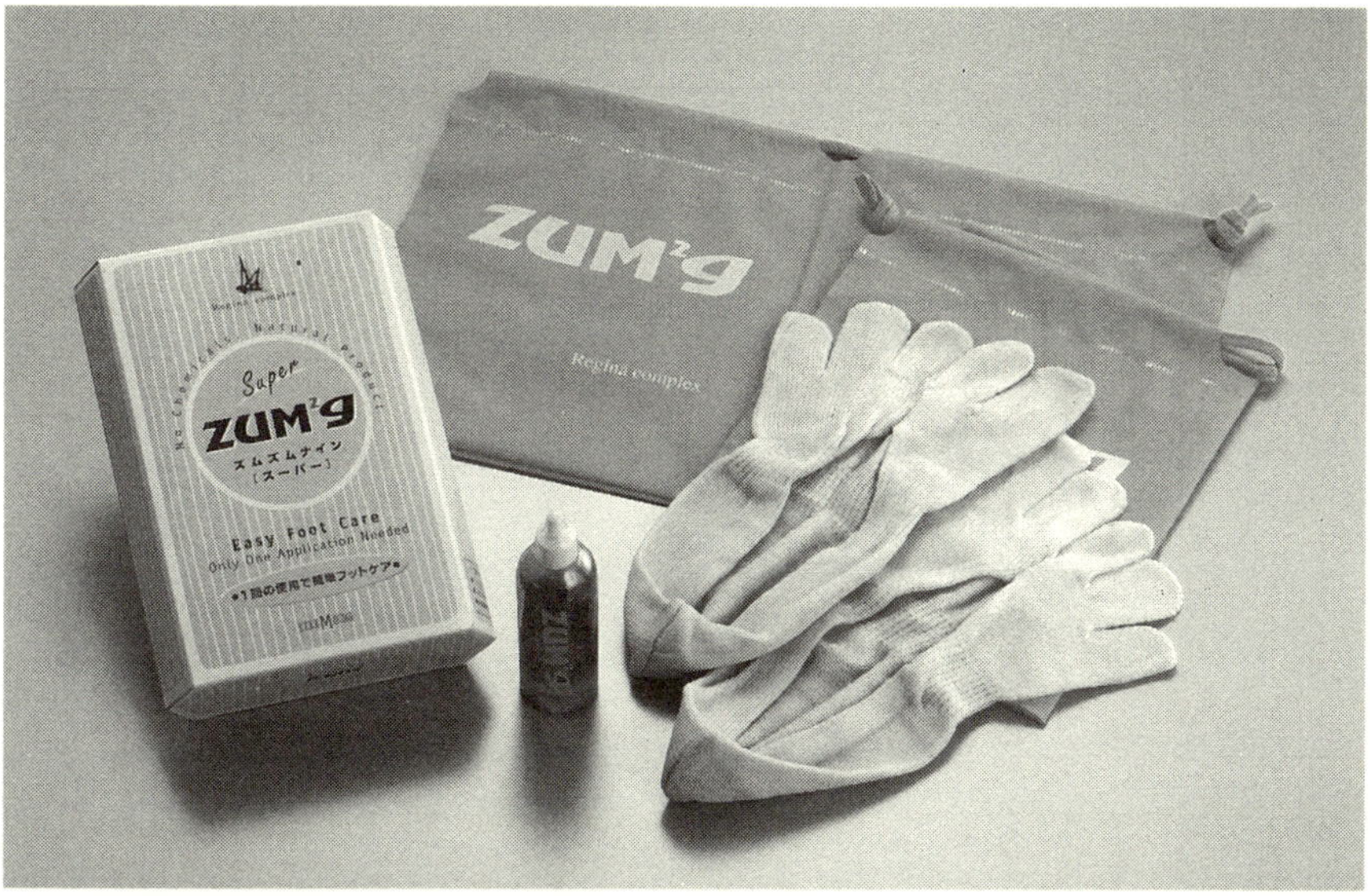

ズムズムナイン・スーパー（レジーナ）

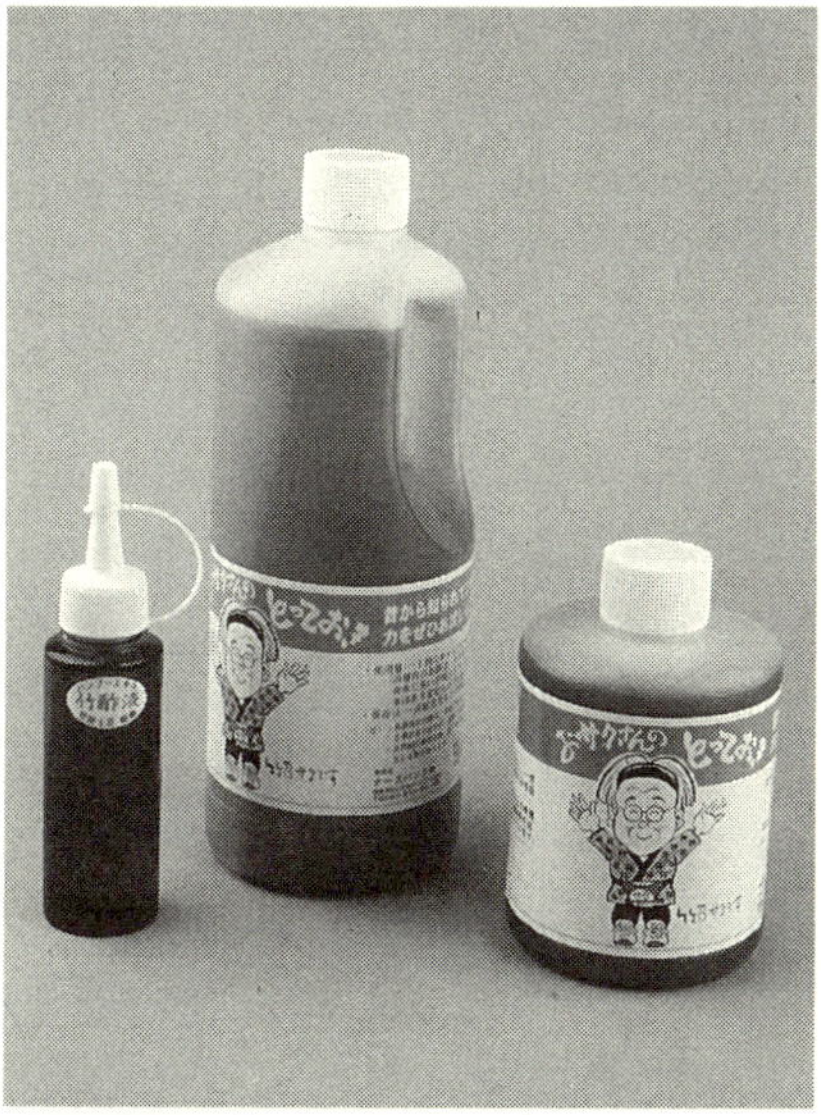

竹酢液製品（ナースバンク）

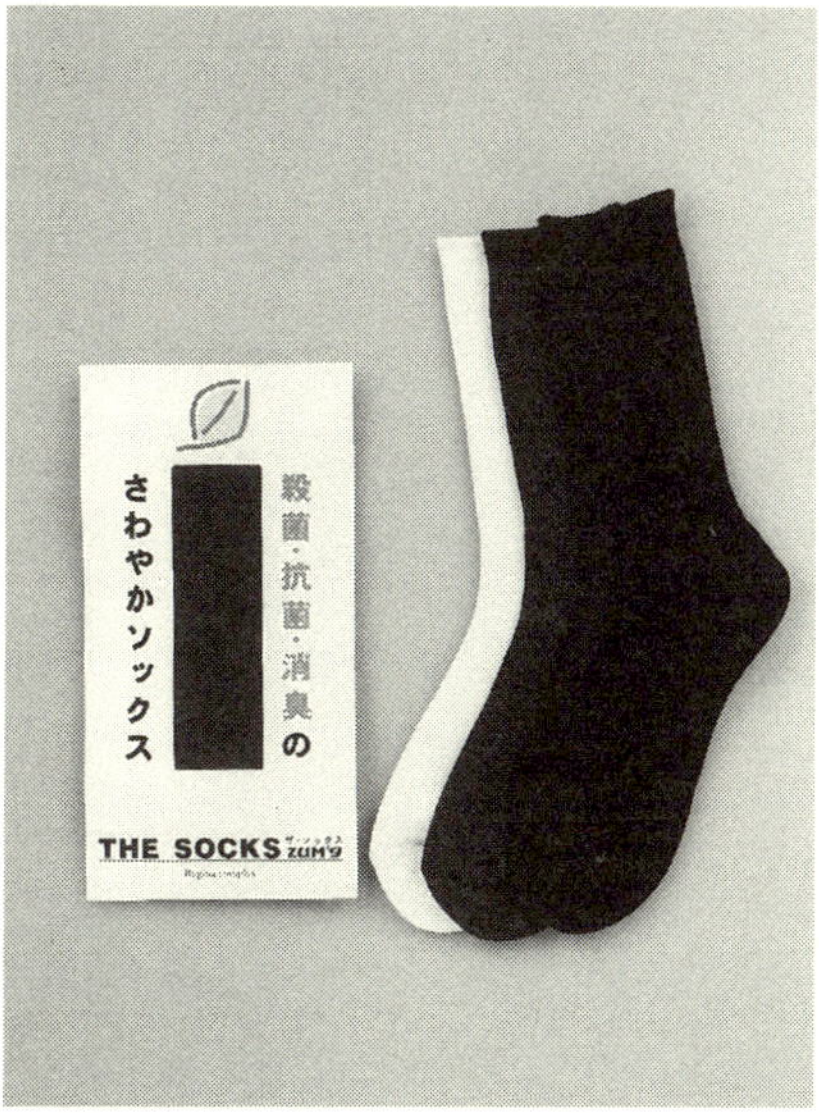

さわやかソックス（レジーナ）

# 炭シャンプーで髪をやさしく洗浄

### ●抜け毛を防ぐために洗髪が大切

炭の吸着・活性化作用を利用した炭シャンプーが各種メーカーより発売されています。炭の成分を配合したものですが、最初はその色の黒さにびっくり。でも、使い心地は好評です。

「大変よいシャンプーで、将来はげることを気にしている長男が喜んでいます」

そんな喜びの声もメーカーに届いています。

炭には吸着や水分子集団の細分化作用があるので、一般のシャンプーでは落とし切れない地肌の汚れ、フケの原因となる古い角質、毛穴の奥の皮脂等の老廃物を取り除きます。同時に消臭作用によりにおいも吸着し、さわやかな髪にしてくれます。

髪は健康な人で五～七年すると成長が止まり、やがて抜け落ちますが、半年ほどたつと産毛のような毛が生えてきて成長していくという繰り返しをしています。しかし、髪が若いうちに脱毛が多く、若い毛が生えにくいと若はげになります。近ごろは女性の薄毛も増加し、薄毛になる年齢が若年化してきています。

抜け毛を防ぐには、その要因となるフケや皮脂等の老廃物を取り除くために、こまめに洗髪して地肌を清潔に保つことが必要です。

### ●丈夫でつやのある髪にする

炭はアルカリ性のため、髪が酸性になるのを防いで最適の弱酸性に保ちます。また、炭のミネラル分が髪への栄養となって、頭皮を活性化させ、健康でつやのある髪にしてくれます。パーマやヘアダイではどうしても髪が傷みがちですが、そういう人たちにも炭シャンプーは最適です。炭が洗髪と保護の両方のはたらきをするので、炭シャンプーを使っていればリンスの必要がありません。

洗髪するときには、全体に地肌をマッサージをしながら、洗うことがコツです。

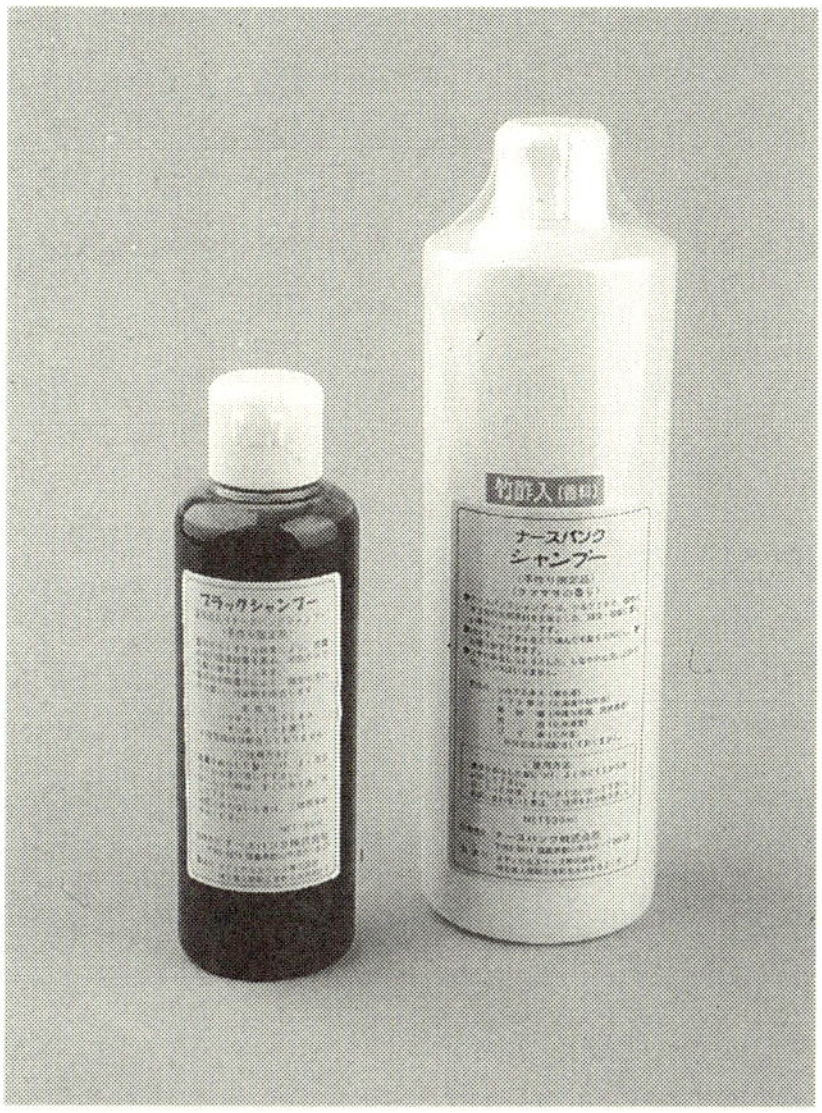

竹酢液入りシャンプー(ナースバンク)

炭配合シャンプーなど(アルフィン)

左から薬用炭入りトリートメント＆シャンプーなど(大木工藝)

# 木酢液によるスキンケア効果

## ●天然皮脂分を補うスキンケア

美しい肌は女性の永遠の憧れです。しかし、肌に一番よいのはみずからつくり出す皮脂分です。

皮膚の表面を構成する角質層は、毛穴の皮脂腺から出た天然脂分と、汗腺から出た水分が混ざり合った皮脂膜で保護されています。

俳優の黒柳徹子さんは「特別なスキンケアはしていないけれども、化粧をしっかりと落とすことが美容法」と語っていました。洗顔料を肌に残さないようにしっかりとすすぐことも大切です。

天然の皮脂分は夜寝ている間につくられるので、女性の化粧だけでなく、男性も一日の汚れをしっかりと落とすことは健康で美しい肌をつくるのに理にかなっているのです。

このため、朝は水洗いだけで十分です。顔の表面の皮脂は時間がたって酸化すると顔がかゆくなりますが、毛穴の皮脂は酸化していないので、表面を洗い流すだけでよいのです。このときに、合成界面活性剤入り化粧品を使うと、皮膚表面の皮脂膜を溶かしてしまうことになります。

## ●皮膚を活性化させ、保湿、保護

皮脂の分泌が少ない人は、皮膚の成分に近い弱酸性の化粧水などで補います。最近は木酢液の成分が入ったスキンケアの化粧品が多く出てきていますが、木酢液は弱酸性で、肌を最適なｐＨに保ちます。また皮膚細胞の新陳代謝を促し、角質を活発に収れんさせて、新しい角質細胞をつくり出します。保湿、保護のはたらきもしています。

皮膚の弱い人がアルカリ性の化粧品を使うと、自身の中和力が弱いので、肌に刺激となります。こうした人たちには、弱酸性である木酢液の成分を配合したスキンケア商品がよいでしょう。

木酢液はタール分をしっかりと除いたものであること。信頼のおけるメーカーのものを選びます。

ローションとクリーム（ナースバンク）

素肌にやさしい石けん（ナースバンク）

木酢液を使った「アンヘル・スキンケアシリーズ」（レジーナ）

# 炭と塩を使ってエコロジー洗濯

## ●環境にやさしく、長い目で見れば経済的

京都市で美容室を経営する牧野裕子さんは、洗剤や石けんの代わりに、備長炭と塩を使った洗濯法を実践しています。炭の分量や洗い方をいろいろ試し、現在の炭洗濯法にいきつきました。

従来の中性洗剤と同じくらい汚れが落ちるし、排水が環境を汚さない、備長炭は長もちするので経済的、といいことずくめです。

なぜ、炭と塩だけできれいになるのでしょう。それは、炭のミネラルで水の分子が小さくなり、汚れを吸収しやすくするからです。茶渋のついた茶碗を塩で洗うときれいに茶渋が取れるように、塩はもともと強い漂白・殺菌作用を持っています。ですから、炭と塩が相乗効果をもたらし、洗濯物がきれいになるのです。洗剤を使わないので、すすぎの時間を減らすことができ、時間も電気代も節約できます。

## ●水に浮かせることがポイント

炭洗濯の手順を説明しましょう。

**用意するもの**　備長炭（水一五ℓに対して七〜八cmの長さのもの一本、全自動洗濯機の四kgで三本、六kgで四本が目安）、かまぼこ板（ワインのコルク栓やピンポン玉、フィルムケースなど浮きの役目をするもの）、古い靴下（素材は何でもよい。備長炭一本につき一本）、ゴムひも、自然塩（小さじ一〜二杯）

**手順**　①備長炭は使い始めの初回だけ、黒い粉が出なくなるまでタワシで洗い、かまぼこ板もよく洗って一緒に靴下の先まで入れます。靴下一本に備長炭を一本入れます。

②備長炭が動かないように、靴下の上部をゴムひもで縛ります。さらに、靴下を折り返して備長炭の部分をくるみ、端をゴムひもで縛ります。

③洗濯機に入れて水に浮けばＯＫです。沈むと

## 〔炭と塩を使ったエコロジー洗濯の手順〕

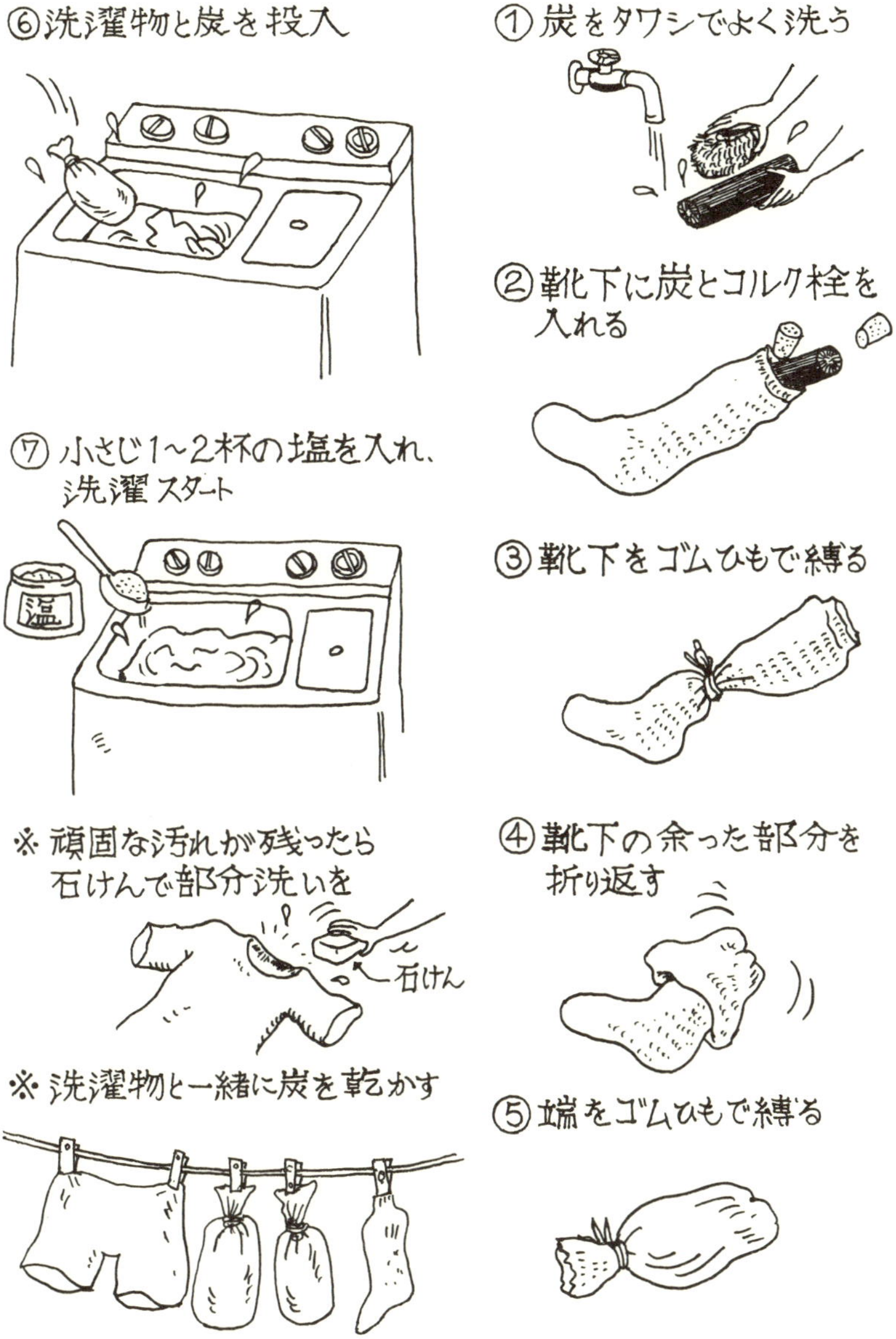

①炭をタワシでよく洗う
②靴下に炭とコルク栓を入れる
③靴下をゴムひもで縛る
④靴下の余った部分を折り返す
⑤端をゴムひもで縛る
⑥洗濯物と炭を投入
⑦小さじ1～2杯の塩を入れ、洗濯スタート
塩
※頑固な汚れが残ったら石けんで部分洗いを
石けん
※洗濯物と一緒に炭を乾かす

他の洗濯物にからまって炭が壊れるので、浮かないときにはコルクなどを足してみてください。

④あとは備長炭の袋を洗濯槽に浮かして、塩を一～二杯加えて洗濯するだけです。

汗のにおいが落ちないときは備長炭や塩を多めに、白く仕上げたいときは塩を多めにします。

また、洗濯物をふんわりと仕上げたいときには、柔軟剤代わりに食酢小さじ一杯を入れて洗ってください。洗濯機ではすすぎの段階で柔軟剤が入りますが、炭洗濯では最初から入れます。

襟元、袖口などの頑固な汚れは、洗濯したあとに石けんで部分洗いします。洗濯の前に石けんをつけておくと、石けんと塩が反応して効果が出ないので、面倒でも洗濯後に部分洗いしましょう。

布の素材により、水かぬるま湯か、手洗いか洗濯機で洗うかが違ってきます。ウールはぬるま湯で手洗いするなど、表示されている洗濯の注意書きに従ってください。

## ●洗濯後も有効活用できる

備長炭は、洗濯物と一緒に乾かせば、形のある限りは何度でも使えます。使っているうちに多少砕けてきますが、最後は庭や植木鉢にまくと土壌改良にもなって有効に使い切ることができます。

備長炭は布でくるんで使用するので、洗濯機を傷つけることはありません。また、塩の濃度は〇・〇一％くらいにしかならないので、洗濯機に対する塩害なども問題ありません。

界面活性剤の洗剤を使用してすすぎが十分でないと、皮膚の弱い人はかぶれてしまいます。炭洗濯法を実践した人たちの間では、赤ちゃんや子供の衣類にも安心して使えると好評です。

風呂の残り湯は、炭、木酢液、竹酢液などを入れている残り湯だとより洗浄効果が高まります。

炭の入手法がわからないという声に応えて、牧野さんは洗濯用の洗剤いらずの炭「小川のせせらぎ洗濯」（一個五〇〇円）を発売しました。備長炭に天然石とセラミックを加えたもので、これを一回当たり二、三個と、塩を小さじ一～二杯洗濯機に入れるだけです。炭が形をなしている約半年間はもつそうです。

CHARCOAL LIFE

第4章

# 炭を料理・園芸にフル活用

備長炭であぶり餅を焼く（京都市）

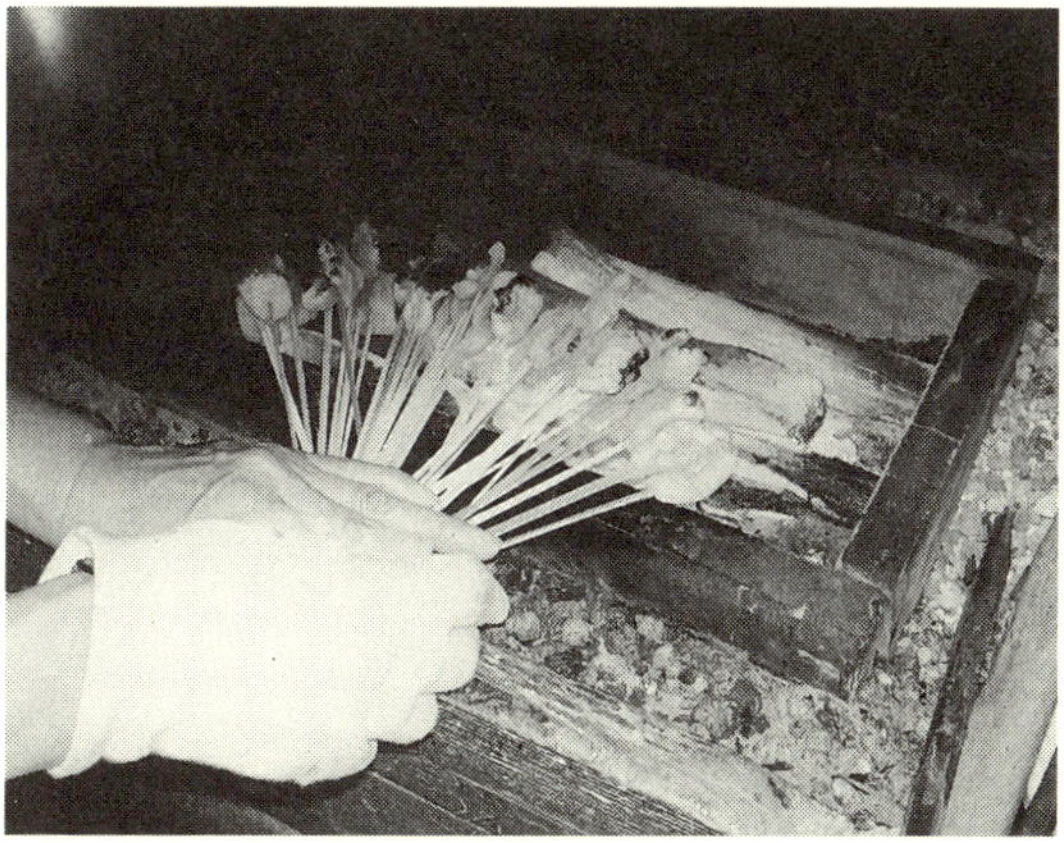

# 炭を入れて水道水をおいしく

## ●汲み置いた水に炭を入れる

おいしい水への関心が高まっていますが、水道水でも家庭でおいしく飲むことができます。

まず、水道水を汲み置いてください。水道水がまずいといわれるのは残留塩素などが原因のカルキ臭があるからです。一晩置くことで残留塩素が減って、カルキ臭も消えますが、火にかけて四～五分沸騰させると、発ガン物質とされるトリハロメタンも飛びます。さらに、おいしくするには炭が一番です。炭に含まれるミネラル分が水に溶け出すミネラル効果でおいしくなります。また、炭の赤外線効果で水の分子を共振させて小さくするので、味がまろやかになるといわれています。

## ●白炭や活性炭を使う

炭はかたくて水に入れても崩れない、備長炭《びんちょうたん》などの白炭《しろずみ》を使います。水一ℓに対して、長さ八～一〇cmの炭を一本用意します。炭を水できれいに洗ったあと、熱湯で約十分間煮沸消毒。その後、ザルなどにあげて水気を切り、冷ました炭をポットやポリタンク内の汲み水に入れます。

ほこりが入らないように、容器はふたをしたり、布巾をかけたりしてください。一昼夜置いた水をポットに移して飲み水にしたり、料理に用います。

汚れを吸着した炭は、一週間に一度煮沸消毒して干せば、一か月くらいは使えます。

麦飯石《ばくはんせき》（多くの成分を含んだ石の一種で市販されている）を併用すると、よりミネラルが豊富な水になります。炭、麦飯石ともそれぞれ水の重量の五％以上がよさそうです。

炭が入手しにくいときには、冷蔵庫の脱臭剤で手っ取り早く浄水ができます。脱臭剤の中には浄水器にも用いられている粒状の活性炭が入っています。これをよく水洗いして粉炭を洗い流し、ガーゼの袋に入れて汲み置いた水に入れます。

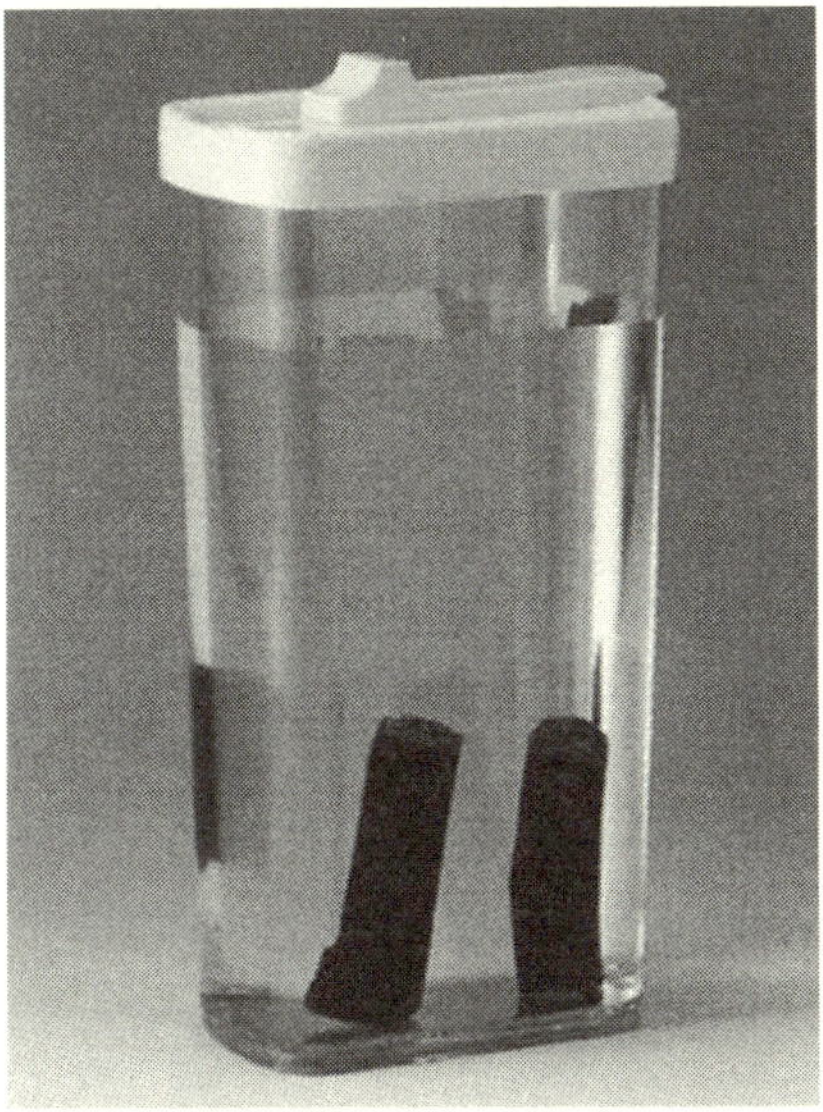

備長炭で汲み水をおいしくする

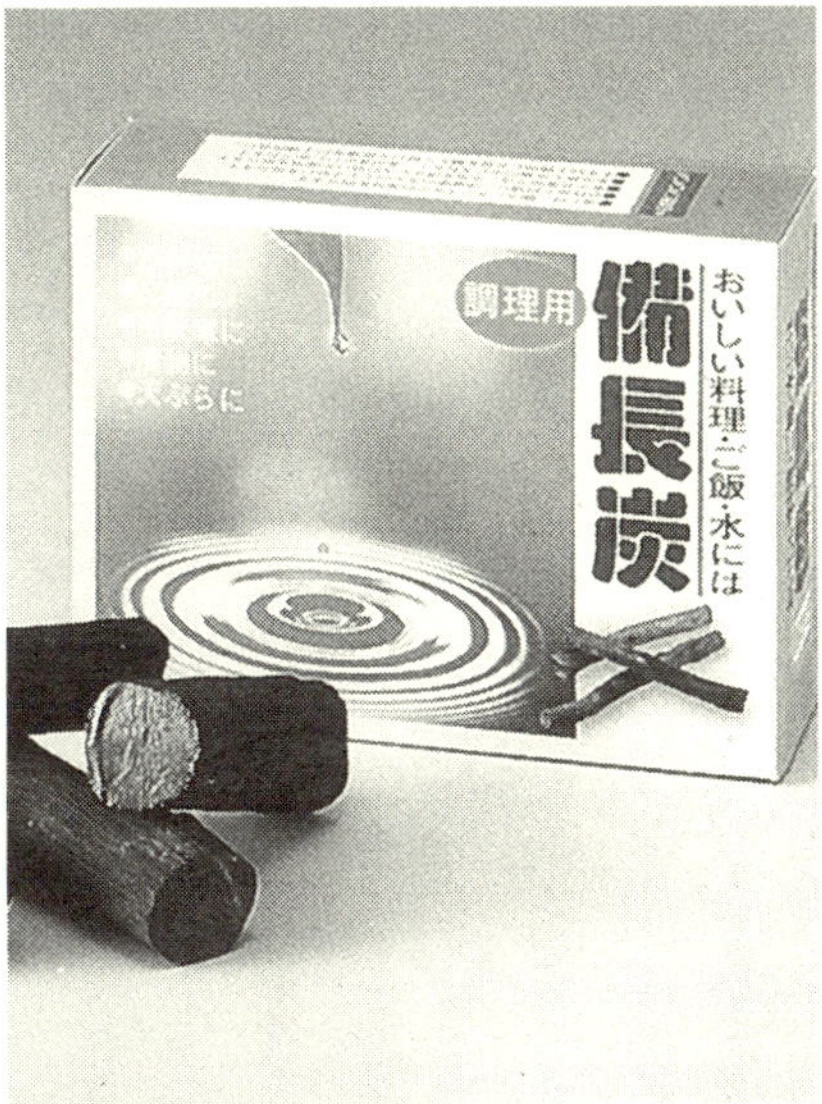


調理用備長炭（増田屋）

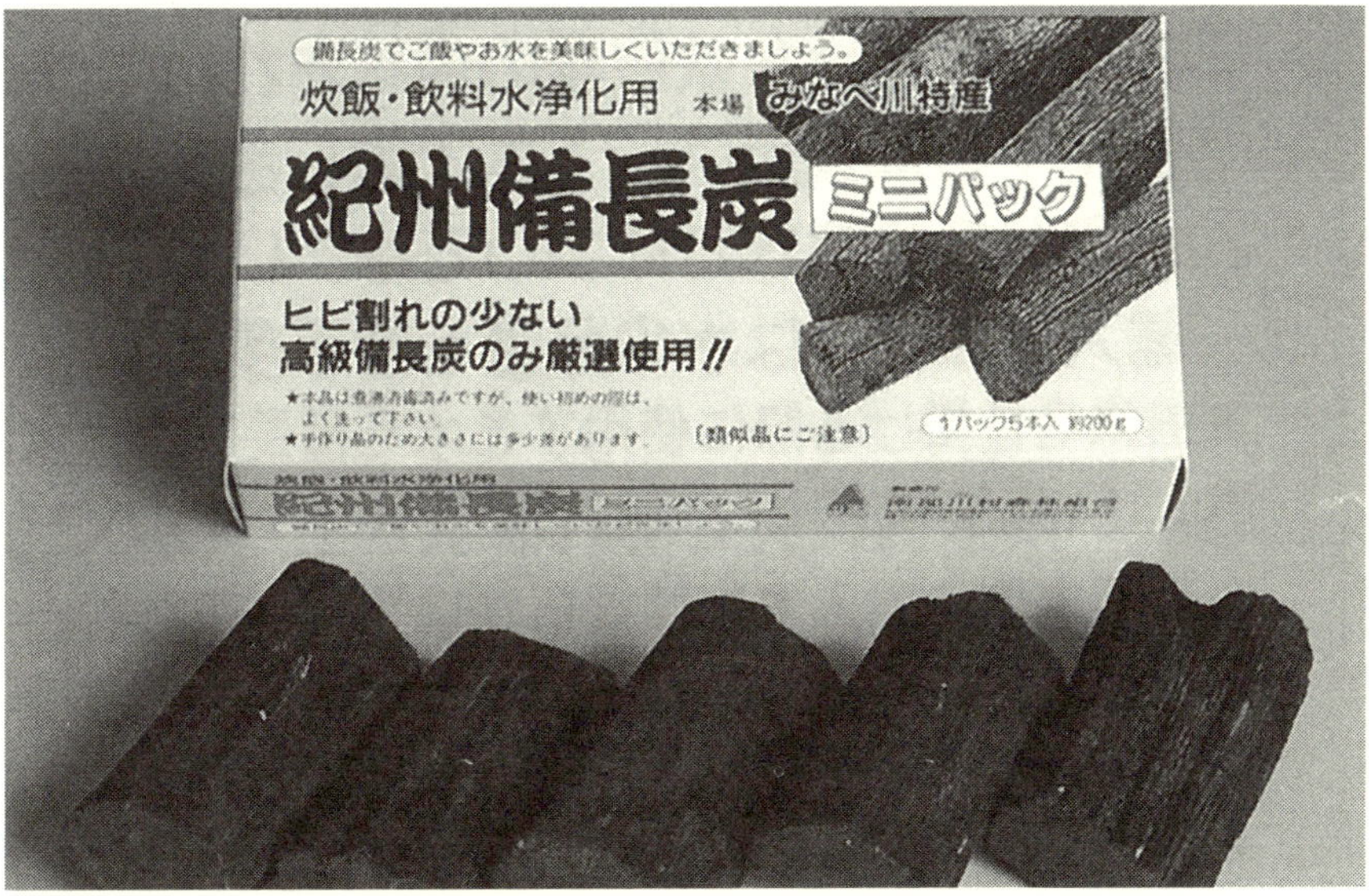


備長炭パック（南部川村森林組合）

# 炭入りペットボトルで浄水

## ●おいしい水の条件

「日本の名水一〇〇選」があるように、日本の湧水はおいしさで定評があります。なぜおいしいかといえば、雨水が地中に浸透する間に浄化され、炭酸ガスや各種のミネラルを含んでいる鉱泉水が多いからです。また、日本で生水が飲めるのは硬度が低い軟水であるからです。ヨーロッパでは生水を飲むということは考えられません。

水道水の中にはまずいものもありますが、おいしく飲むには冷やすのが一番。水が生ぬるいと残留塩素などのにおいが強くなるので、一層まずい水に感じられます。逆にいえば「利き水」をするには、少量の水を口に含んで温まってからゆっくり味わうと、おいしいかどうかがわかります。

水道水がまずいと感じられるのは、味覚よりもにおいが原因となることが多いようです。カビくささは水源に発臭性の藻類が発生するためで、カルキ臭は消毒用の残留塩素からくるにおいです。

対策として用いられる浄水器は、活性炭を利用していて残留塩素やトリハロメタンなどの発ガン性物質を吸着し、マカロニ状の繊維の束である中空糸膜で濁りや雑菌類を除去しています。また、水をおいしくするといわれているのは、炭のミネラル分が溶け出し、弱アルカリ性にするからです。

そこで、浄水器の原理を応用して、手近にある道具と炭で簡易浄水器をつくってみましょう。これは水の専門家小島貞男氏が実践し、推奨する方法です。安上がりで十分実用にたえます。

## ●簡易浄水器のつくり方

まず活性炭を用意します。アズキくらいの大きさの粒状のものがベストです。炭が粉状では濾過しにくいし、アズキよりも大きくなると水の通りがよすぎて効果を上がりません。ヤシ殻活性炭の「破砕炭」を購入します。この場合、浄水器一個

## 〔飲料水の浄化法の例〕

### ペットボトル利用の手づくり浄水器

水を1.5ℓ入りのやかんに入れる所要時間は約8分。
活性炭を10日おきぐらいにやかんで煮沸すると2年ほど使用可能
（小島貞男氏による）

破砕炭購入先
新宏化成
☎03-3241-1236

### 活性炭入り鉄ビン

活性炭をガーゼなどに包み、鉄ビンの中心に吊るすようにひもで縛る。水が濾過されやすくなる

### 木炭浄水器

（ユネスコ・アジアセンター推奨）

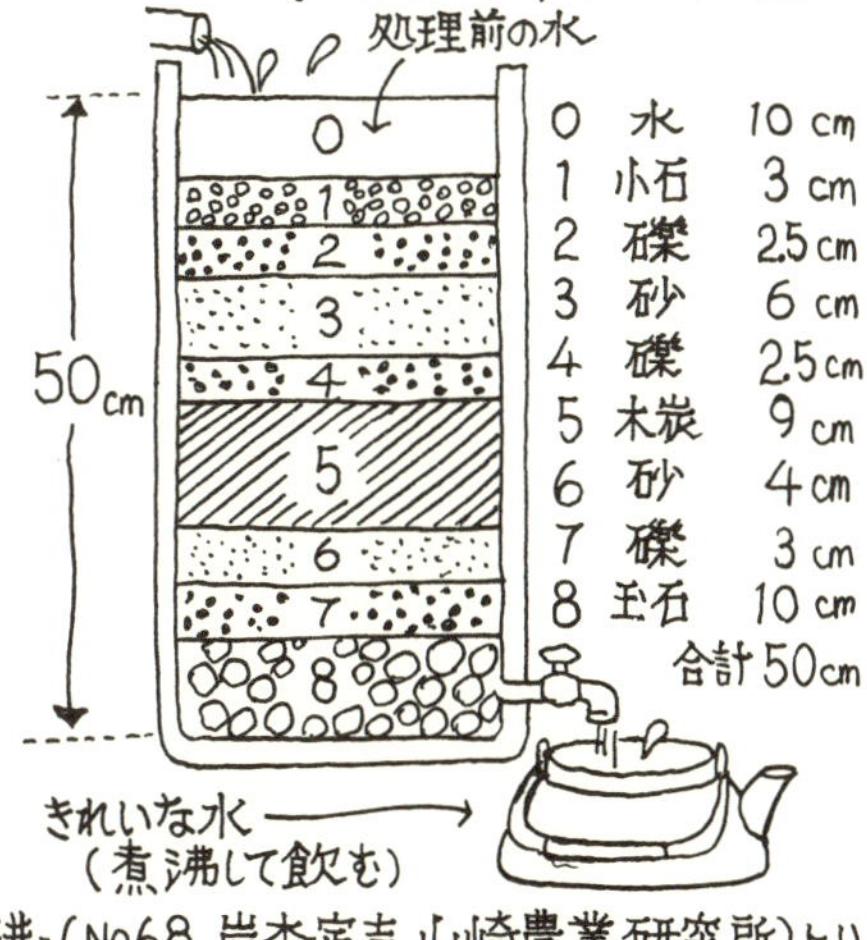

処理前の水

| | | |
|---|---|---|
| 0 | 水 | 10 cm |
| 1 | 小石 | 3 cm |
| 2 | 礫 | 2.5 cm |
| 3 | 砂 | 6 cm |
| 4 | 礫 | 2.5 cm |
| 5 | 木炭 | 9 cm |
| 6 | 砂 | 4 cm |
| 7 | 礫 | 3 cm |
| 8 | 玉石 | 10 cm |
| | 合計 | 50 cm |

きれいな水 ——→

（煮沸して飲む）

『耕』（No68，岸本定吉、山崎農業研究所）より

をつくるのに、二五〇～三〇〇gが必要です。

容器は水が入っていたペットボトル、一・五ℓか二ℓの空き瓶を利用します。できれば胴体まわりが蛇腹のように凸凹になっていて、ふたはやわらかいプラスチックのものを選んでください。
①ペットボトルの底をカッターナイフや料理ばさみを使って切り落とします。セロテープを瓶底近くに巻いてから切ると、切りやすくなります。切り口は安全のため紙やすりをかけておきましょう。切り口近くの両端に二か所、千枚通しで穴を開け、丈夫なビニールひもか針金を通しておきます。容器はひもの部分でつり下げて使うので、場所を移動しても調整して使えるように、ひもは少し長めにしておきます。
②ペットボトルのふたの中央に、千枚通しで直径二㎜ほどの丸い穴を開けます。キリを用いるときは、そのままでは四角い穴になりがちなので、回しながら差し込むのがコツです。
竹製か木製の丸い木箸を一〇～一五㎝に切っておき、先の細いほうを五㎜ほどプラスチックのふたに押し込みます。箸の先が太いときには紙やすりで削って調整してください。この箸が水道ならば蛇口、いわば調節栓になります。
③二〇㎝四方のガーゼを丸め、ふたから少しのぞくくらいに、ふんわりとふたの部分に押し込みます。次に、米をとぐ要領で、何度か水洗いした活性炭を手ですくいながら、ボトルの半分くらいまで詰めます。ビニールのひもでシンクの上など邪魔にならない場所につり下げればでき上がり。
栓をしたままで、水道水をボトルいっぱいに入れ、下に水を受けるやかんや容器を置いておきます。木箸を抜けば水が浄化されて出てくるという仕組みです。穴と同じくらいの太さの水がコンスタントに出てくるのが望ましい状態です。最初は黒い水が出ても、その水はまた浄水器に戻してください。簡易浄水なので、飲料水用には沸騰させてください。沸騰させれば、トリハロメタンがとび、おいしく安全に飲むことができます。

一週間に一回、殺菌のため、活性炭とガーゼを沸騰処理して使ってください。

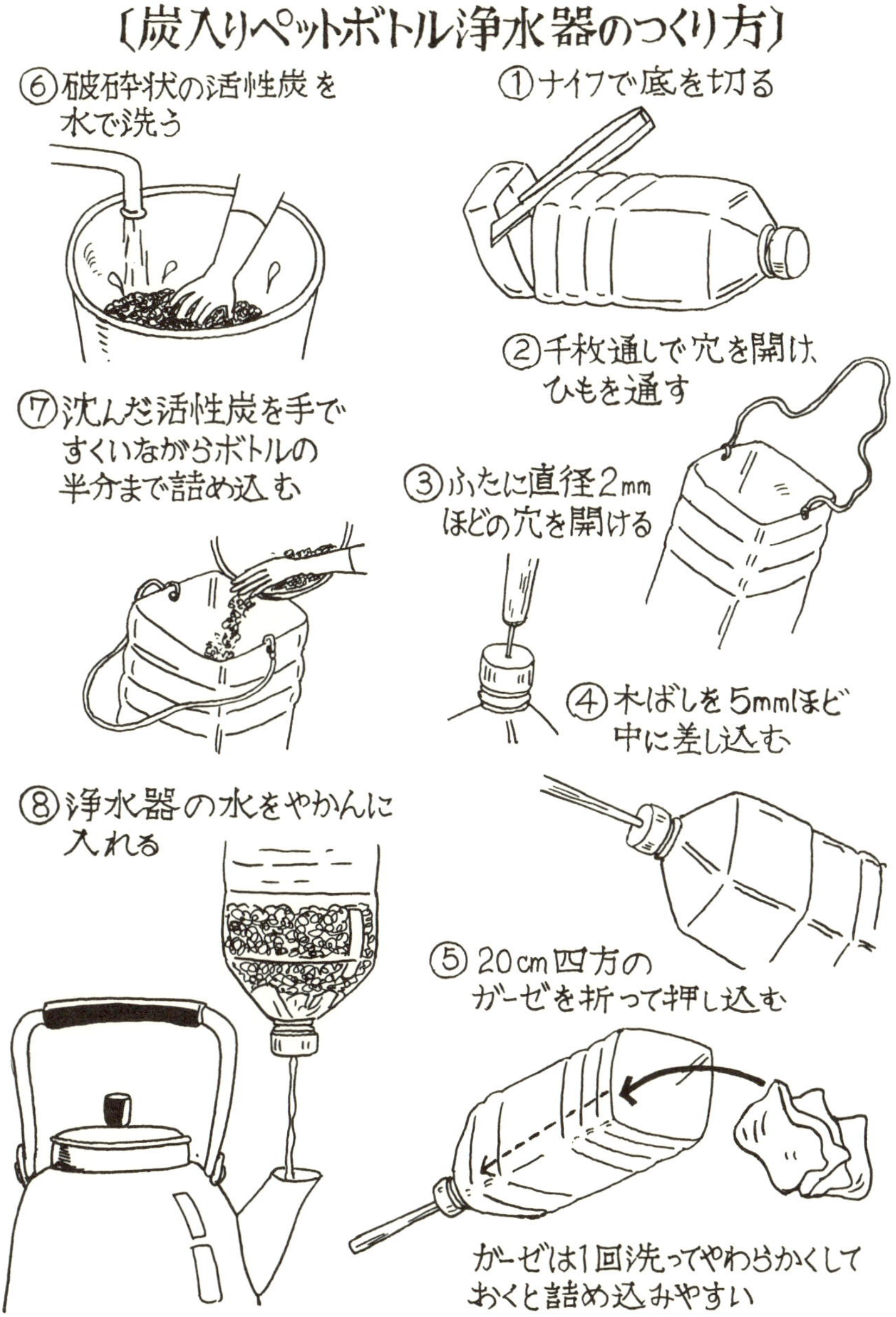
〔炭入りペットボトル浄水器のつくり方〕
①ナイフで底を切る
②千枚通しで穴を開け、ひもを通す
③ふたに直径2mmほどの穴を開ける
④木ばしを5mmほど中に差し込む
⑤20cm四方のガーゼを折って押し込む
ガーゼは1回洗ってやわらかくしておくと詰め込みやすい
⑥破砕状の活性炭を水で洗う
⑦沈んだ活性炭を手ですくいながらボトルの半分まで詰め込む
⑧浄水器の水をやかんに入れる

# 白炭入り炊飯でうまさアップ

## ●炭で粘りけのあるごはん

おいしいごはんというものは、なかなかできないものです。現在は高性能な電気炊飯器があり、予熱から蒸らしまでコンピュータが制御してくれるので、おいしく炊けます。炭を入れて炊くと炭から溶け出したカリウムがごはんにしみ込み、粘りけを与え、日本人好みのごはんになります。さらに、遠赤外線などの効果で黄ばみを抑制したり、日もちをよくしたりします。

## ●米を炊くとは

米の主成分はでんぷんです。でんぷんは水に溶けないので、消化酵素の作用を受けつけません。でんぷんと水を混ぜて熱を加えると、でんぷんを構成しているアミロースとアミロペクチンの鎖状になった構造が壊れ、でんぷんは水を含んで膨張しゲル状にふくれ上がります。水が大量にある場合はでんぷんが溶けてしまいますが、炊飯のときは水加減をしてあるので、決まった水の量しかありません。ですからゲル状にふくれ上がったところで水がなくなり、α-でんぷんの状態になります。この現象を糊化といい、すなわちごはんが炊けるということです。

では、なぜ炭を入れるとごはんがおいしくなるのでしょう。まず炭は多孔質で、微細な孔が無数に開いています。この穴が、とぎ汁の中に溶けている残留塩素や米の糠くささなどを吸着します。さらに炭にはミネラル効果があり、ミネラル分が溶け出します。主に炭酸カルシウムや炭酸カリウムなどで、これらは体内でイオンとなり、体のバランスをとるはたらきをするものです。

炊飯時に加熱され、炭が遠赤外線を出し、米の内部から加熱してでんぷんを素早くα化します。これらの要素が重なってごはんがおいしくなるのです。また、炊き上がったごはんの中に入れたま

白炭（紀州備長炭）を入れると、ごはんがふっくらと炊き上がる

炊飯など調理用に適している備長炭

まにして保温しておいても、蒸れたようなにおいや黄色くなるのを防ぐことができます。

## ●炭の使い方

炭はかたい白炭を使います。黒炭でも高温で炭化されたものであればＯＫです。

炭はきれいな水で十分に洗い、さらに煮沸消毒をします。煮沸消毒は必ず米を炊く直前に行います。といだ米を炊飯器に入れ、水加減はいつもと同じにしてください。

その中にたったいま煮沸消毒した炭を入れます。七〜一〇㎝のもの一本（米三合に五〇ｇが目安）で十分です。米の量が少ないときは、もっと小さいものでもかまいません。季節により二〇〜六〇分（夏は短く、冬は長く）置いてからスイッチを入れます。

煮沸消毒したあと、シュリンクパックした炭商品なども販売されているので、それらを購入すると手軽に使い始められます。

## ●ミネラル分がなくなったら捨てる

炭は毎日連続して使ったほうがよさそうです。

このときは水で洗い、水を切って皿などにのせて布巾をかけておく程度。こだわる場合、煮沸して天日乾燥し、密封しておきます。

水で洗うとき決して洗剤を使わないようにしましょう。洗剤の成分が炭に吸着され炊飯時にごはんの中に溶け出してしまいます。

五回ほど使ったら、よく洗ったあと、太陽の光を十分に当てて乾かします。この作業を二サイクル繰り返すと、炭の内部にあったミネラル分がなくなるので、砕いて家庭園芸などに利用するか、ためておいてバーベキュー用などに使います。このとき脱臭用など他の用途に使用した炭は決して一緒に保管しないでください。脱臭用に使った炭は燃やすと吸着した悪臭成分やガスなどのいやなにおいがします。

炭を米びつやコンテナ、ポリ袋の中に入れておくと、米に虫がつきません。米約五㎏に小ぶりの炭を数本入れると効果があります。炭はアルカリ性なので、米に含まれる脂肪分の酸化を防いだり、糠のにおいを取り除いたりします。

# 〔1本の炭がごはんをうまくする〕

炭を炊飯のときに入れ、スイッチ・オン。ふっくらと炊き上がり、2〜3日置いても黄ばまない

備長炭などの白炭を求め、タワシでよく洗う（絶対に洗剤は使わない）

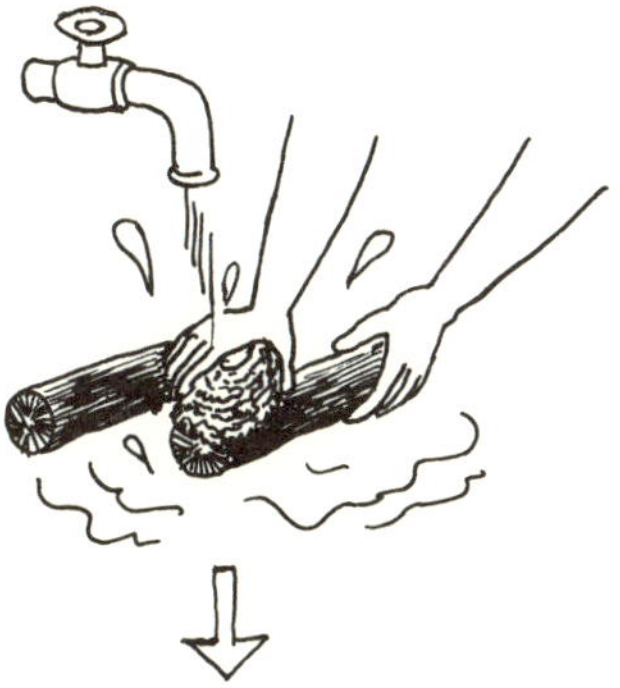

水から火にかけ、沸騰したら弱火で10〜20分煮る

使い終わった炭はよく洗い、繰り返して使う。
5回ほど使ったら2〜3日天日乾燥してから再使用する

煮沸消毒済みの製品も出回っているが、なるべく使い初めは洗って煮沸する

# 炭を油に入れ、揚げ物名人に

## ●遠赤外線効果により短時間で揚がる

てんぷらやフライがサクサク、カラリと揚げられないという人にとっておきの秘伝を伝授しましょう。それは意外にも、炭の秘めたパワーを利用することです。

炭は白炭がかたくて、油の中で崩れたりしないので適しています。備長炭がよいでしょう。白炭は表面に消し粉と呼ばれる白い粉がついているので、タワシ、歯ブラシなどを使ってよく水洗いをし、天日で十分に乾かしておきます。もっとも、煮沸すると灰はある程度落ちます。

一回の揚げ物に対して、五～八cmくらいの炭を一本用意します。炭は揚げ油を加熱する前に入れておきます。油と一緒に加熱されながら、炭も全体が熱せられて遠赤外線を発生するようになります。

油で表面から熱せられるのと同時に、炭の出す遠赤外線の効果で、材料の内部からも加熱されるので、短時間で揚がります。したがって、表面はカラッと歯ざわりよく揚がり、中はみずみずしい味わいを楽しめるわけです。

しかし、揚げ物は油の適正温度と調理時間で決まります。炭を使うことにより、内部からの加熱が促進され、表面が揚がりすぎないのです。しかも、中も十分火が通った状態になります。

## ●油がきれいに長もち

揚げているうちにどうしても油の中に不純物が混じってきますが、炭の内部に開いている小さな孔が不純物を吸着するので、油が汚れにくく、長もちします。

油を吸った炭は、燃料に使うと油が燃えてススが出るのでよくありません。タワシなどを使って水洗いしてから鉢植えに入れるなど園芸に利用するとよいでしょう。

〔炭を入れて揚げ物、煮物の風味アップ〕
てんぷらをカラリと仕上げる
油を加熱する前に炭を投入。
油も長もちする
カラッ
パリッ
ホクホクの煮物をつくる
揚げ物と同様に白炭を
投入。素材にまんべん
なく火が通り、やわら
かく仕上がる

# 極上漬け物は炭入り糠床から

**●糠漬けは日本独特の味**

おいしい糠漬けを食べたい。でも、糠床を管理するのは面倒でなかなか手間のかかること。今は市販の糠床で簡単に糠漬けができ、しかも味もなかなか。炭を加えて、さらに糠床をグレードアップしてみましょう。炭を入れて炊いたおいしいごはんと、炭で糠床をととのえた漬け物で贅沢を味わってみましょう。

でき合いの漬け物だと塩分が気になります。自分でつくるのならいくらでも調整がききます。

**●炭が糠床の乳酸発酵を促進**

糠床に入れる炭は備長炭などの白炭や竹炭を用います。吸着力が高い材質のものがよいからです。八～一〇㎝の炭であれば一本、六～七㎝のものならば二、三本、糠床の場所ふさぎにならないように選んでください。炭を煮沸消毒して、糠床に入れておくと、炭にすみついた微生物が発酵を促進し、異物を分解することが考えられます。

その結果、糠床全体の乳酸発酵が促進され、野菜に味がよくしみ込みます。また、炭に含まれるミネラルが糠床に溶け出し、さらに風味を増します。糠床の劣化も防げ、いつまでもおいしい漬け物を味わうことができます。

糠床に炭を入れたあとに、キュウリ、ナス、ダイコン、ニンジン、セロリなどを乱切りや拍子木に切って入れます。季節にもよりますが、数時間から一日ほどで風味豊かな漬け物のでき上がり。

炭は二～三か月に一回は新しいものに取り換えてください。

最近の梅干しは冷蔵庫に入れなければ腐ってしまいます。こんなときにも煮沸消毒した炭を容器に入れておくと腐敗防止になり、炭のミネラル分が梅干しの味をよくしてくれます。使い終わった炭は、園芸用などに利用しましょう。

## 〔炭入り糠床をつくる手順〕

①　糠をいり、塩と水を加えて練る
②　風味づけの材料を加え、混ぜる
③　煮沸消毒した炭（白炭）を入れる
④　捨て漬け（1週間）をし、本漬け開始

炭のミネラル分が溶出して
糠漬けの味をよくし、糠床の
劣化を防ぐ
炭を煮沸消毒してから
糠床に投入する

# 直火焼きで炭火に勝るものはなし

## ●炭火とガス火との違い

燃料の種類によって火にも性質があります。現在都市ガスの主流になっているのは、液化天然ガスといわれるものです。水素、メタン、一酸化炭素、重炭化水素が燃える成分です。その他に二酸化炭素、窒素、酸素、水蒸気などが燃えない成分として含まれています。さらにガス漏れの警告用にメルカプタンを混ぜて独特のにおいをつけています。水素、メタンガスが燃えると水ができます。ガス炎は水蒸気が含まれるので、焼く物に水分を補給する形となり、こんがりとは焼き上がりません。

炭は表面燃焼で炎を上げずに燃焼します。燃焼面積も広く、放射熱も多く出ます。炭はまた多孔質であり、空気との接触面積が広いので簡単に燃焼します。また、炭が燃えるときに出る灰はカリ分を含んでいるので、炭の燃焼を助けます。

## ●近赤外線と遠赤外線

炭が燃焼するときに表面から赤外線が放射されます。赤外線とは熱線ともいわれ、可視光線の外側にあらわれる光線です。数μm以下を近赤外線、二五μm以上を遠赤外線というように分けることもあります。物質の外部から入射した赤外線はその物質の原子と電磁的な共鳴を起こして吸収され、その物質の温度を高めます。

## ●黒炭・白炭の燃焼特性

黒炭はマクロ孔が大きいので、火つきがよく立ち消えすることがありません。ぱっと燃える炭で火力も強いのですが、燃焼時間は比較的短かいという特性があります。また、燃焼ガスが多く、一酸化炭素が発生します。マクロ孔が小さく細胞壁が厚いので白炭は火つきは悪いのですが、着火してしまうと、一定の温度で長時間の燃焼が可能です。ウチワひとつで火力の調節も容易にできます。

ナス、ピーマンなどを炭火で焼く

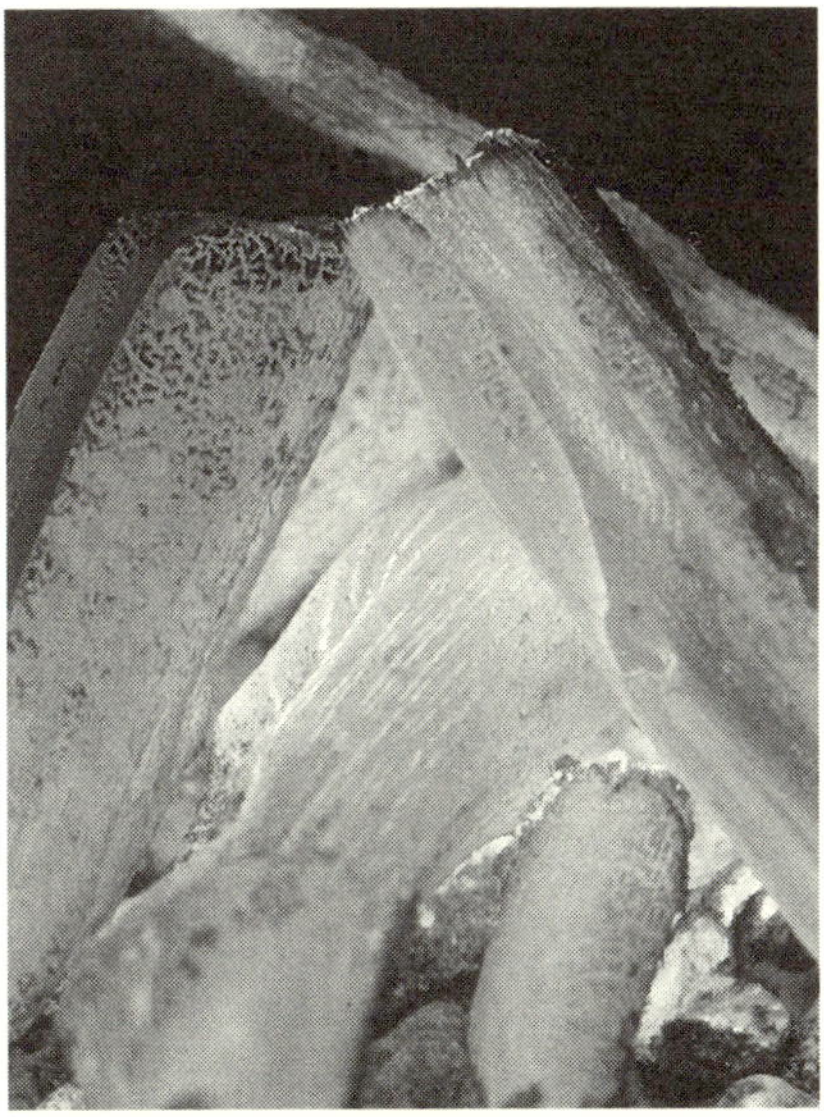

近赤外線、遠赤外線を放射する炭

牛肉を炭火で焼き始める（東京都八王子市・伊藤了工務店の窯場にて）

# 炭火焼きで至福のクッキング

## ●強火の遠火が基本

焼き物の極意は強火の遠火です。焼き物に適した炭は白炭、とくに紀州備長炭が最適だといわれています。最近は備長炭と小さめの炭用コンロがスーパーや金物店、アウトドア用品を扱う店などで簡単に入手できるようになりました。これらを使って焼きます。小さめのコンロ、備長炭、ウチワ、焼き網が必需品です。

焼くときは、決して炭火に材料を近づけてはいけません。遠火で強火を心がけます。調理の前に炭を十分おこして火力を安定させます。コンロの空気口の開け閉め、ウチワで炭の表面に空気を送る、火力が弱くなったら炭を足すなど常に気をつけて調理しましょう。

ちなみに、炭火焼きは煮る場合に比べ、赤外線がすばやく表面を焼き上げ、組織を固めるので中身成分を逃がさないとの報告もあります。

## ●ステーキ

サーロインステーキを焼いてみましょう。霜降り肉を厚さ一cmぐらいに切ります。味つけは塩とコショウだけ。焼く直前に肉の両面にふりかけます。焼き網をコンロの上で十分に熱します。コンロの空気口を最大に開け、炭から炎が少し上がってから収まり、炭の表面が灰で少し白っぽくなったら、皿にのせたとき上になる面から焼きます。焼き始めて一～二分で裏返し、ひと呼吸するくらいでレアに焼き上がります。血がにじんでくるとミディアムです。これ以上焼くとステーキの風味が落ちてしまいます。

## ●焼き鳥

これはもう炭火焼き以外に方法はありません。鶏肉を一口大に切り分け、隙間なく串に刺します。このとき肉の間に隙間が空いていると、串が焼けてなくなってしまいます。鶏肉も全体にはみ出さ

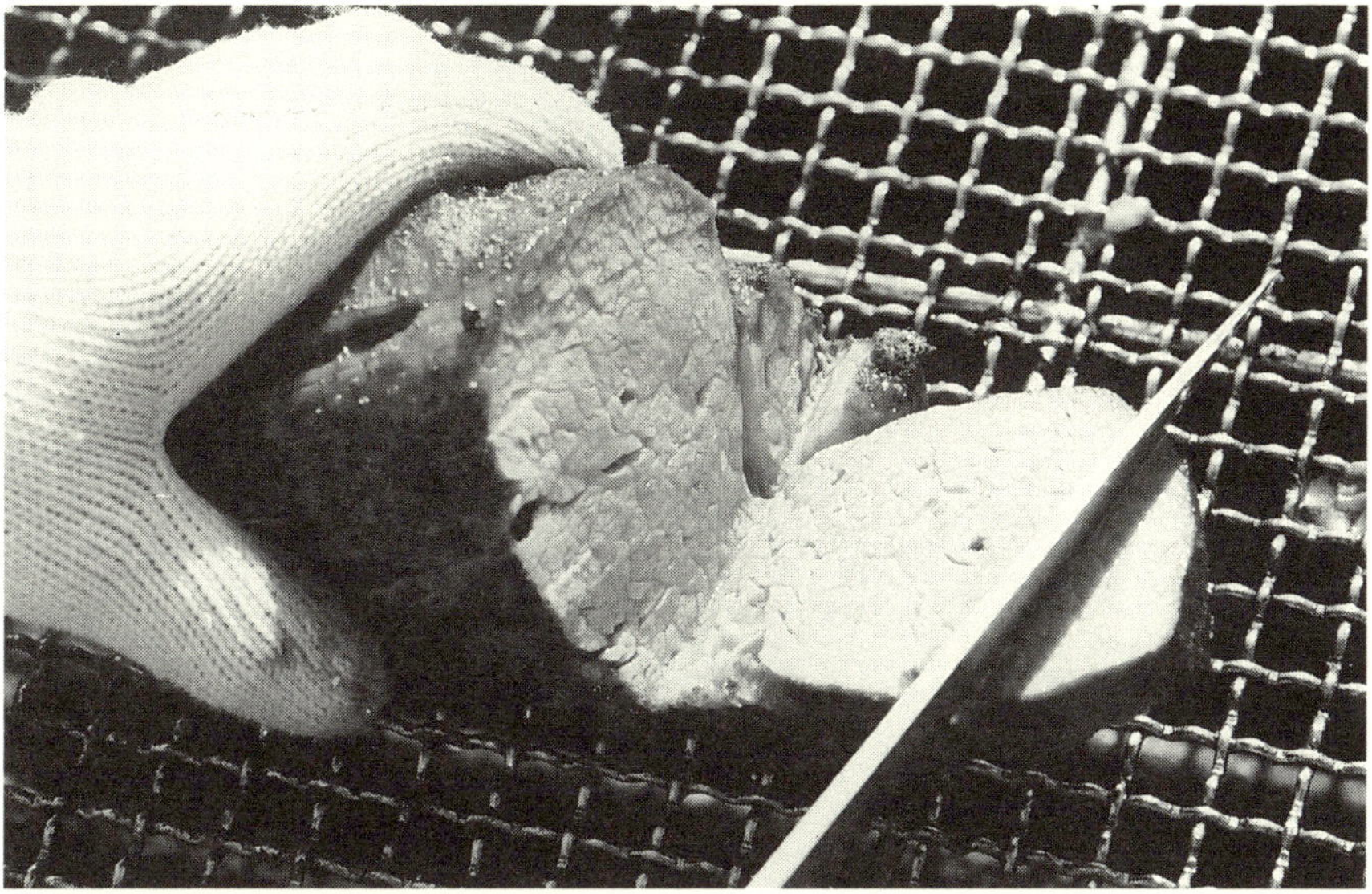

じんわり焼いた牛の肉塊を切りさばく

牛ロース肉を炭火で焼く

備長炭による焼き鳥

ないように形を整えます。鶏肉が飛び出したりしているとその部分だけ焦げてしまいます。焼き網は熱しておきます。火は強火で、塩をふり網にのせます。ジュウジュウといってきたら裏返して、全体にジュウジュウというようになったら焼き上がりです。決して焼きすぎてはいけません。

## ●焼き肉

焼き肉はステーキと違って肉が小さいので、焼き網をあまり火に近づけないようにし、さっと両面をあぶるくらいで十分です。肉が焦げてしまうと風味がなくなってしまうので注意しましょう。

お店ではガスの無煙ロースターで焼くところが多いのですが、炭用の小さなコンロを使っているところもあります。備長炭などの白炭や大衆的なお店ではオガ炭を使うところもあります。オガ炭の場合は燃え始めにガスが出ることがあるので、早めに火の用意をします。

## ●バーベキュー

ナラ材の黒炭が最適といわれています。火力が強く火もちがよいのと、着火のしやすさ、入手のしやすさなどが理由でしょう。小人数でするときには、バーベキュー用の小型グリルが、火の管理もしやすく便利です。材料は肉、魚介類、野菜など何でも焼いてしまいます。注意することは串に刺す材料の大きさをそろえること。また、炭の量はやや多めに用意しておくと、食べる量だけゆっくり焼くことができます。

## ●サンマ、アユ

焼き魚といえば、とりあえずこの魚が出てきます。黒炭や備長炭などの白炭を使います。備長炭はウチワなどで空気を送ると軽く表面温度が一〇〇〇℃を超えてしまいます。近赤外線の量が多く、放射熱で外側を、近赤外線が内側から加熱して、すばやく焼き上げます。したたり落ちたサンマの油は高温になっている炭の表面で瞬時に燃えてしまうので、サンマが生ぐさくなりません。イワシ、アジ、イカ、アユ、イワナなど魚を丸のまま焼くときはこの作用でおいしく焼けます。

干物の場合は、皮の面から先に焼き、水分を飛ばすと身が引き締まり、うまさを逃がしません。

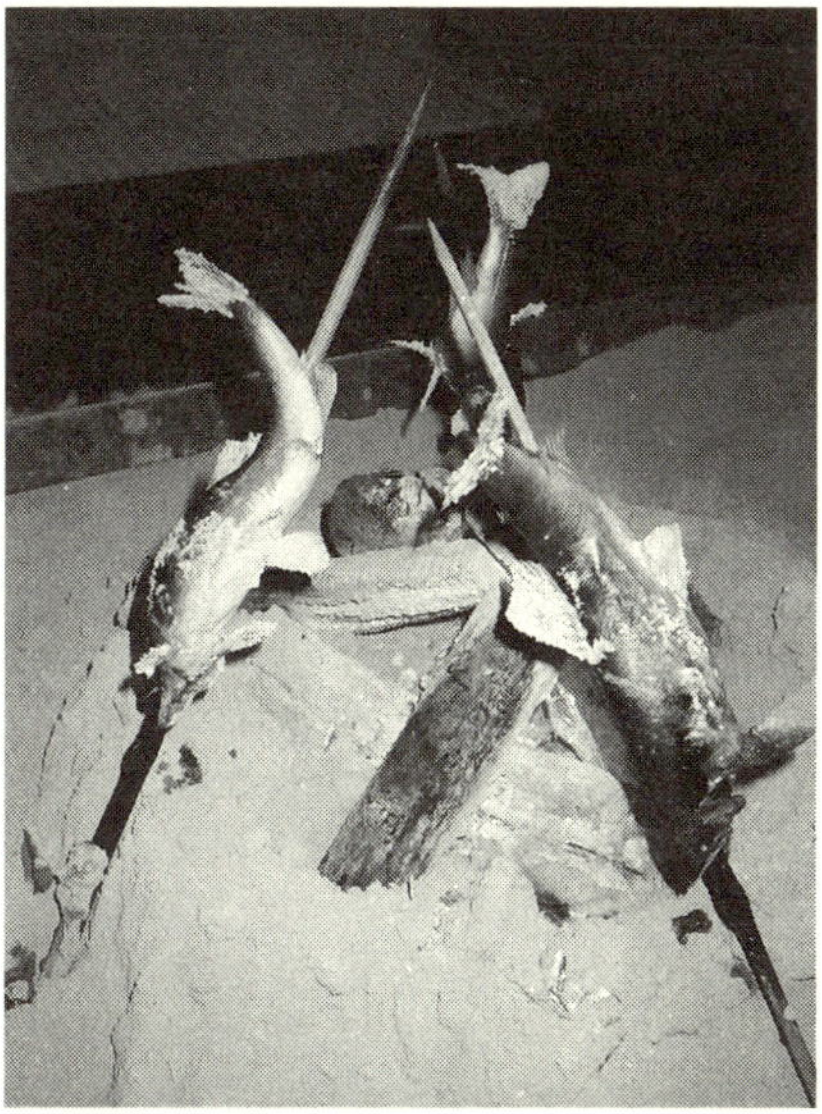
アユのおどり串焼き

おなじみサンマの炭火焼き

天下周知のサザエのつぼ焼き

万人受けするイカの丸焼き

●ハマグリ、サザエ

ハマグリは貝殻がついています、ガスなどで焼くと火が通るのに時間がかかってしまい、身のうまみが水分と一緒に外へ出てしまいます。コンロに焼き網をのせ、その上で動かさずに焼きます。動かすとせっかく貝から出た焼き汁がこぼれてしまいます。炭火で焼くと、加熱された貝殻から近赤外線が放射され、身を中から一気に加熱して焼き上げます。アサリ、サザエ、アワビ、ホタテガイ、カキなど殻のついた貝は炭火で焼くのが適しています。

●カニ、エビ

外殻のあるものも殻を焦がさず、すばやく加熱するので、身が締まりうまみを中に閉じ込めます。

●マツタケ、シイタケ

秋の味覚といえばマツタケ。微妙な味わいや香りを殺さないようにするには炭で焼く以外は考えられません。遠火でさっとあぶるとマツタケの歯ごたえと香りがなくなりません。シイタケなどのキノコ類をガスで焼くと水っぽくなり、ガス特有の臭気がついて、風味が台なしになります。

●味噌

味噌を焼くと実に香ばしいよい香りがします。炭火を入れたコンロに焼き網を置き、ホオやシソの葉などに包んだ味噌をゆっくり焼くと味噌の表面が少し焦げ、独特の風味になります。温かいごはんに少しずつのせて食べます。

●田楽

田楽焼きの略称で豆腐を竹串に刺して、赤味噌に砂糖を加えた練り味噌をつけて焼きます。サトイモやコンニャクを使うところもあります。白炭を使って焼くと、高温で表面が固まり、豆腐の水分が流れ出ないので、食感が失われません。

●おにぎり

一杯飲んだあとの表面がぱりっとした焼きおにぎりは格別。また、表面にしみ込んだしょうゆが少し焦げて香ばしさも食欲をそそります。表面をあまり焦がさず、しかもぱりっとした感じに焼き上げるにはしっかりにぎり、弱火から中火の遠火でなくてはうまくいきません。

イセエビを切り、大胆に焼く

香りの王者マツタケを焼く

そば屋などで人気の焼き味噌

シイタケを串に刺して焼く

# 炭で生ゴミを分解し、堆肥に

## ●ゴミは自分で処理しましょう

『環境白書』によれば家庭から出るゴミの約半分が生ゴミといわれ、ゴミの処理は大きな環境問題になっています。ゴミ出しが面倒、中身を見られるのがいや、ゴミ捨て場にカラスや猫が寄ってくる、不衛生、虫がわく、そして、最大の悩みはくさい、と生ゴミは頭の痛い問題です。

全国でも生ゴミ処理機の購入助成金制度を実施する自治体が増えてきています。家庭用の生ゴミ処理機は、バイオチップを用いて、微生物の成育や繁殖に最適な温度、水分、空気などの環境をつくり出し、二四時間後には生ゴミを発酵・分解させて約五分の一の量の堆肥をつくり出します。減量化にも役だちますが、装置はまだ高価です。

少しの工夫と心がけで生ゴミの量を少なくすることはできます。腐敗したもの以外はすべて堆肥にできるので、量を半減することが可能です。

## ●ポリバケツや土に穴を掘って利用

生ゴミは水気があると腐りやすく不衛生なので、十分に水切りしてこまめに処理することが大切です。ポリバケツにゴミを入れ、ゴミの量の一〇%ほどを目安に炭を細かく砕き入れ、密閉しておきます。炭の孔の中にすみついた微生物が生ゴミを発酵・分解させます。高温にならないと発酵が進まないので、夏なら四、五日でできますが、冬は二週間くらいかかるといわれます。

生ゴミはできるだけ細かくすると反応する面積が大きくなります。なるべく暖かいところに置きます。堆肥は菜園や花づくりなどに利用します。

庭のある人は穴を掘って生ゴミを入れ、砕いた炭をまいて上に土をかけておけば、土にすんでいるバクテリア等の微生物が生ゴミを発酵・分解させます。その微生物のはたらきを炭はさらに活発化させるのです。

# 炭・木酢液で健康な土づくり

## ●家庭菜園やガーデニングに

農作物や植物の生長に最も大切なのは健康な土づくりです。同じ土地で作物をつくり続けると土が弱くなる、いわゆる連作障害や土壌病害に悩まされることになります。

このため、生産者は別の作物をつくったり、土地を休ませたり、土を全面的に入れ替えたりします。こうしたなかで生産者の間にも土壌改良用資材に指定されている炭を土づくりに用いる人たちが出てきました。

炭は自然環境にも悪影響を与えないのですが、生産の現場で急速には広がらないのは、他の肥料と比べて価格が高いということがあるようです。

しかし、家庭菜園などで使うには、炭は威力を発揮するので、大いに利用したいものです。

炭を土の中に埋めておくと、多孔質なために、植物の生長に必要な水がしみ込みやすく、なおかつ水はけがよくなります。そうなると土中に余分な水がなくなるので、根腐れが起こりにくくなります。また、保水性もあるので土壌の水分を適度な水準になるように調整できます。さらに空気が通りやすくなるため、有毒ガスを吸着するので、植物の生長が促進されます。

炭はアルカリ性のため、土の酸度を整え、土が疲労し酸化するのを防ぎます。炭がカルシウム、ミネラルなど微量要素を補給することも植物の生長を助けます。ただし、キノコ類は酸性の土を好むので炭は逆効果。とはいえ、同じ菌類で作物に有害なカビ類には有効にはたらきます。逆に、アルカリを好む根粒菌や放線菌などの微生物は炭の中で繁殖し、根に養分を運ぶはたらきをします。

## ●粒炭か粉炭を土や堆肥に混ぜ込む

炭は土壌改良用の市販品もありますが、家庭で使用するときには、調理用や風呂用に使ったもので十分です。

空気に触れる炭の表面積をできる限り大きくするために、粒状、または粉炭にします。炭が飛び散らないように、布袋などに入れて、金槌などで叩きます。ベランダや室内の鉢植えならば、植え替えの要領で植木鉢をもう一つ用意し、その中に粉炭をすき込んだ土を入れて作業します。

球根や草花を植える庭ならば、堆肥の中に一〇～一五%くらいの粉炭を入れてかき混ぜ、花壇の土として利用します。

表面にまくだけだと風で飛ばされたり雨で流されてしまうので、土壌によく混ぜてください。

野菜などを育てるような場合は、品目などにより使用量が違ってきます。他の用途で使用ずみの炭を利用できるのはせいぜい鉢植え程度なので、庭や菜園に利用するときは市販品を購入し、説明書に従って使用してください。

雪が地表に積もったときにも粉炭をまいておくと、太陽の光を吸収して地表の温度を上げるため、早く雪が溶け、植物たちにもよい効果があります。

## ●木酢液の併用で、微生物が活発化

炭に加えて、木酢液を併用するとさらに効果が高まります。最近は木酢液の有用性が認知され、購入しやすいので、園芸利用にも最適です。

木酢液は土壌の殺菌効果とウイルスなどに対して効果があります。もともと炭をやくときに採取したものなので環境にやさしく、残留農薬の心配なしに安心して利用することができます。

炭の中で有用な微生物が植物の根と肥料の仲人役をしています。そのため、辺生物が豊富でないと肥料を吸収できません。木酢液は仲人役の微生物を活性化させます。

木酢液は水で薄めて、炭を混ぜた土の表面に散布してすき込みます。酸性が強いので、濃度が濃いと逆効果になります。炭材の種類によっても違ってきますから、説明書の指示に従って五〇～二〇〇倍に薄めて用います。

濃度約三%くらいで散布したところ、雑草が枯れたという報告や種子の発芽を抑制したという事例もあります。

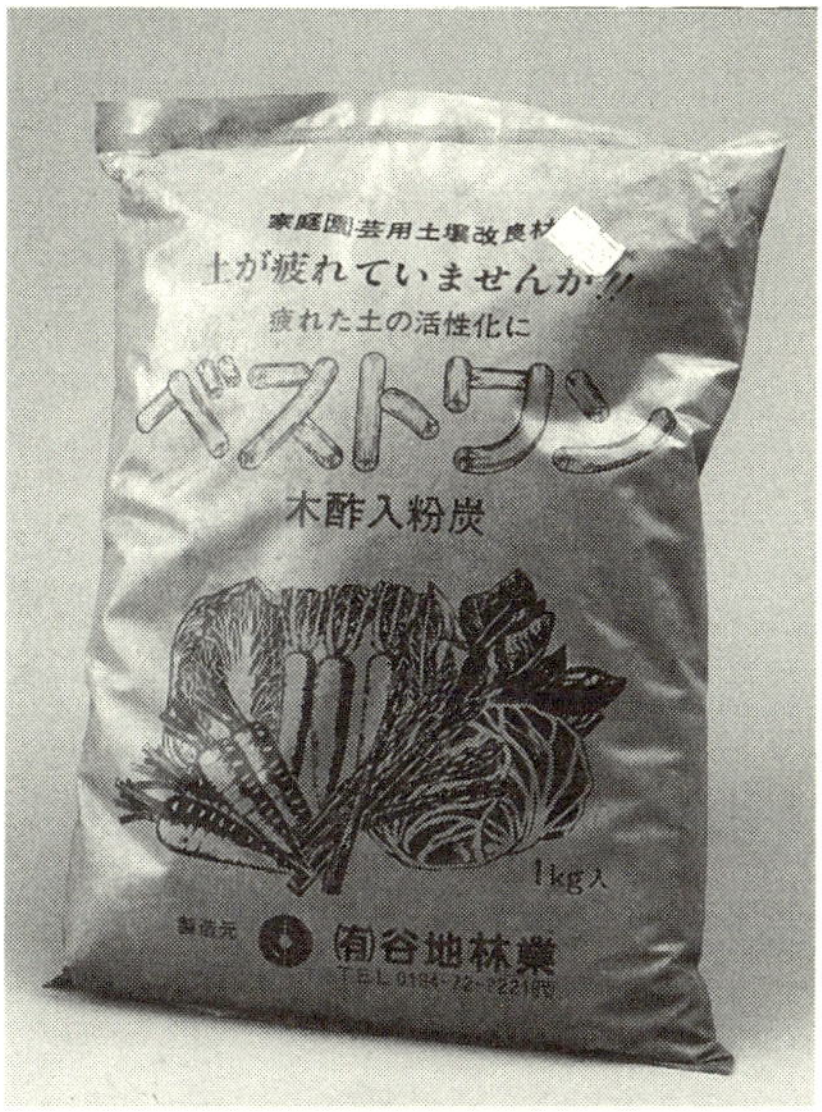

木酢液入り粉炭（谷地林業）

粒状炭を土づくりに生かす

炭・木酢液は地力回復に有効

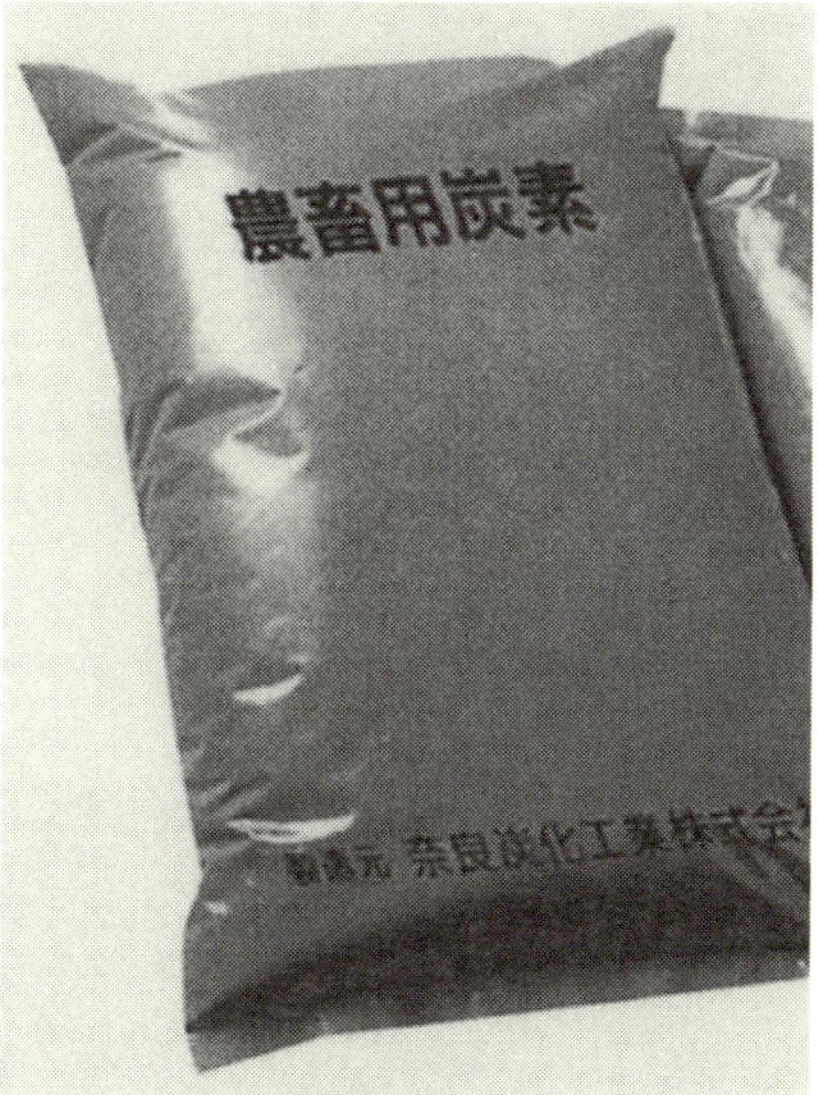

農畜用炭素（奈良炭化工業）

# 炭・木酢液が植物の生長を促進

## ●稲や野菜は収量増で風味が増す

炭と木酢液は、土壌改良を目的に稲作や野菜の栽培に使われることが多いのですが、植物の生長を促進するという興味深いデータも出ています。たとえば稲作では収穫量がアップしたり、味覚が向上したりということが報告されています。野菜についても、鬆《す》の入らない甘いダイコン、中身が詰まって甘いトマト、風味のよいヤマトイモなど数え上げればきりがありません。

健康な土で育つので病気に強くなり、収量が増えた上、風味もよくなるのであれば、こんなによいものを家庭園芸やガーデニングに利用しないという手はありません。

## ●根にも葉にも効く

炭は植物に有用な微生物の繁殖を活性化するため、根に養分が潤沢に行くようになります。根が伸びれば、植物全体の生長も促進されます。これは炭を入れた水の中にカイワレ大根を入れて、炭を入れないものとで、根の生長を比べてみるとわかりやすいでしょう。ヒヤシンスなど水栽培をする球根や切り花も、花瓶に炭を入れておけば、炭が水の汚れ分を吸着するので、根や茎の腐れを防ぎ、新鮮さが長もちします。

観葉植物など鉢植えのものは、株元の土にそのまま炭を何本かさしておくか、細かく砕いて土と混ぜてもよいでしょう。樹勢の衰えた老木には炭粉と肥料を加えて土壌に混ぜると、炭の防腐効果により、根腐れを防ぎ、樹勢を回復します。

また、適切な濃度に薄めた木酢液にはホルモン効果があり、根張りがよくなります。植木や鉢植えに木酢液を二〇〇～一〇〇〇倍くらいに薄めて散布します。葉に散布すると、殺菌作用があるので、ダニなどの害虫駆除にもなり、葉の活力が高まります。

農作物・園芸用木酢液（山水）

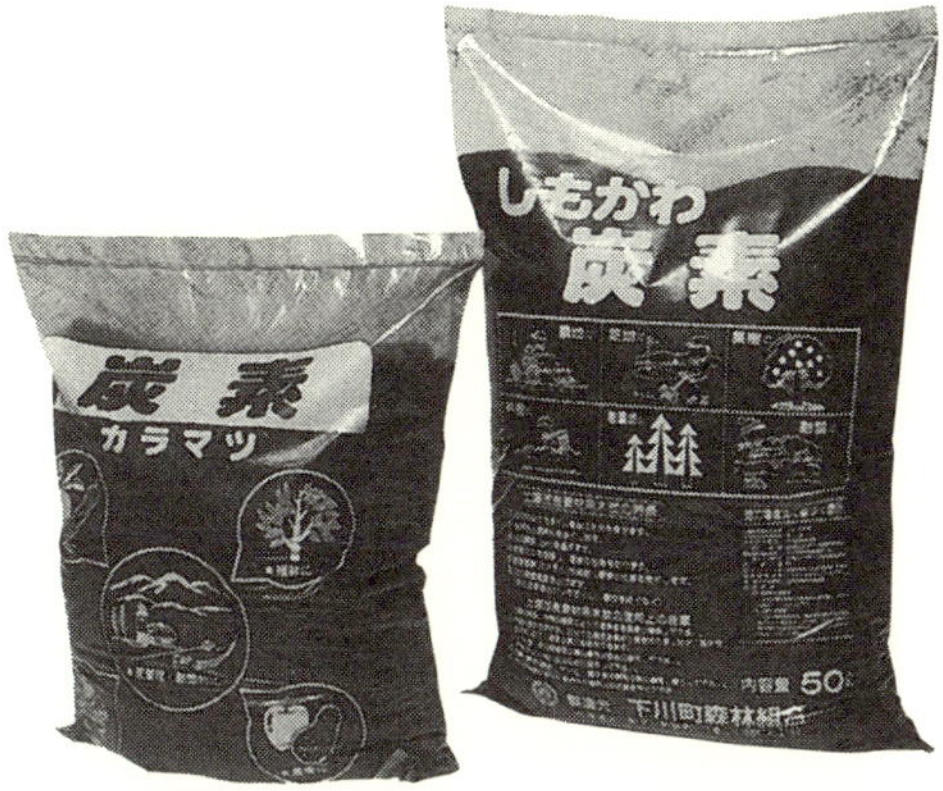


炭素（下川町森林組合）で品質向上

木酢液、竹酢液を活用し、農作物の生長を促進させる

# 木酢液は病虫害防除の補助剤に

### ●カビや細菌による病気、害虫に万能

有機栽培をしている生産者は、炭や木酢液を効果的に利用しています。目的は土壌改良、土壌消毒、堆肥づくりなどですが、病虫害防除の補助剤としてもよく利用されています。

丹精込めて育てた作物に病気や虫がついたばかりにそれまでの苦労が水の泡という例は数多く、また、高温になると病気が出やすくなります。

家庭菜園で人気がある、トマト、ピーマンはセンチュウ、キュウリはネコブセンチュウやオンシツコナジラミ、ナスはダニなどが大敵です。キュウリの立ち枯れ病やナスの青枯れ病など、カビや細菌などによる病気もあります。

こうした病虫害については農薬が用いられてきましたが、家庭菜園で野菜をつくりたいという人たちは、安全なものを食べたいという欲求を強く持っています。なるべくならば農薬や除草剤を使わずに、立派な作物を育てたいことでしょう。

観葉植物や花の栽培でも、病気や虫がつかない丈夫な姿で目を楽しませてほしいと思うものです。そのようなときに木酢液が威力を発揮します。

### ●薄め度合いは作物により違う

木酢液を病虫害防除の補助剤として用いる場合に、その木酢液を採取した炭種、炭化の方法、成分組織などにより薄め方や使用方法に差が出てきます。

木酢液は弱酸性なので、五倍くらいの濃度で散布すると酸性が強すぎて枯れてしまいます。作物により五〇～二〇〇〇倍くらいに薄め、株元にかけたり、全体に散布したりします。散布する場合は希釈度が薄くなります。木酢液に粉炭を混ぜるとさらに効果を上げる場合もあります。

コナガ、アブラムシ、カイガラムシ、ムカデ、ナメクジなどにも効果があります。

## 〔木酢液の野菜への使用例〕

| 作物 | 使用目的 | 使用方法 |
|---|---|---|
| ナス | 品質向上 | 灌水：500倍液350～500ℓ/10a・月1回<br>葉面散布200～400倍 2週間ごとに1回 |
| | 収量増加 | 定植2～3日前　200倍液灌注 |
| | 発芽率向上・促進 | 500～1000倍　播種2日　苗床灌注 |
| | 樹勢強化 | 灌水1か月ごと　木酢6ℓ/10a |
| | 生育促進 | 葉面散布300倍液　1～2週間おき |
| | 青枯病 | 株元灌注30倍液／1株 |
| | 黒枯病 | 葉面散布1000倍＋オーソサイド液1200倍3回 |
| ダイコン | 発芽率向上・促進 | 1000倍液　播種2日前　苗床灌水 |
| | 苗立枯病（リゾクトリア） | 400倍液　灌水 |
| ニンジン | 発芽率向上・促進 | 1000倍液　播種2日前　苗床灌水 |
| | 黒葉枯れ病 | 500倍液　散布 |
| キュウリ | 発芽率向上・促進 | 1000倍液　播種2日前　苗床に灌水 |
| | 生育促進 | 200～300倍液　葉面散布 |
| | 樹勢回復 | 200倍液　2ℓ/株　灌注 |
| | バイラス病 | 200倍液40ℓ/300mm² 1週間ごと |
| | アブラムシ | 1000倍液＋アグロスリン　1500倍散布 |
| | 灰色カビ病・菌核病 | 200～250倍　葉面散布 |
| | ウドンコ病 | 発生時50倍液　予防200倍液　葉面散布 |
| | 立枯れ | 3倍液　株元3ℓ 灌注 |
| | センチュウ | 土耕前5倍液散布　全面灌水 |
| | 樹勢強化 | 中苗期200～300倍　2週間ごと　葉面散布 |
| | 品質向上 | その後200～300倍　2週間ごと　葉面散布 |

『木酢液・炭と有機農業』（三枝敏郎著，創森社）など参考に作成

# 木酢液でカラスや動物を忌避

## ●動物の本能が敬遠する

ゴミ収集場に「カラスがくるので収集日の朝にゴミを出してください」といった貼り紙やカラスよけネットをよく見かけます。また、猫よけに門柱や玄関脇に置かれた水入りペットボトルも一般的になりましたが、効果のほどは疑問です。

近くに人間がいても平然と生ゴミをあさるカラス、庭先に入り込んでくる猫や犬……。これらの対処に木酢液を使用すると、カラスや動物が近寄ってきません。なぜでしょうか。

木酢液はやけた木特有のにおいがします。酢酸メタノール、ホルムアルデヒドやフェノールなどが鼻にツーンとくる酸味のあるにおいです。このため野生の動物は本能的に山火事跡のにおいをかぎ取って、近寄らないようにするのです。

## ●薄めた木酢液を通り道に噴霧する

市販の商品は対象となる動物が本能的に敬遠する成分などを添加して、カラスや犬、猫、蚊、クモ、ゴキブリ、ムカデ、モグラなど、対象を絞ってより強力に効果が発揮できるようになっています。

しかし木酢液だけでも十分です。木酢液を薄めて噴霧器に入れ、猫の通り道にスプレーしておくと猫が近づきません。

ただし、においはしばらくすると消えてしまうので定期的にまくとよいでしょう。そこはいつも木酢液のにおいがすると記憶されると、その場所を敬遠することになります。

カラスの場合にもゴミ置き場に出すときに、生ゴミにスプレーしておけば近寄らなくなります。また生ゴミの消臭にもなって一石二鳥です。

同様に、犬を散歩させるとき、木酢液を携帯噴霧器に入れて持ち歩き、犬が糞をするたびにスプレーしておくと消臭効果があります。

ムカデシャット。ムカデ、ヘビの侵入防止にこれがあれば安心。スプレーするだけで寄せつけない（主原料は木酢液）

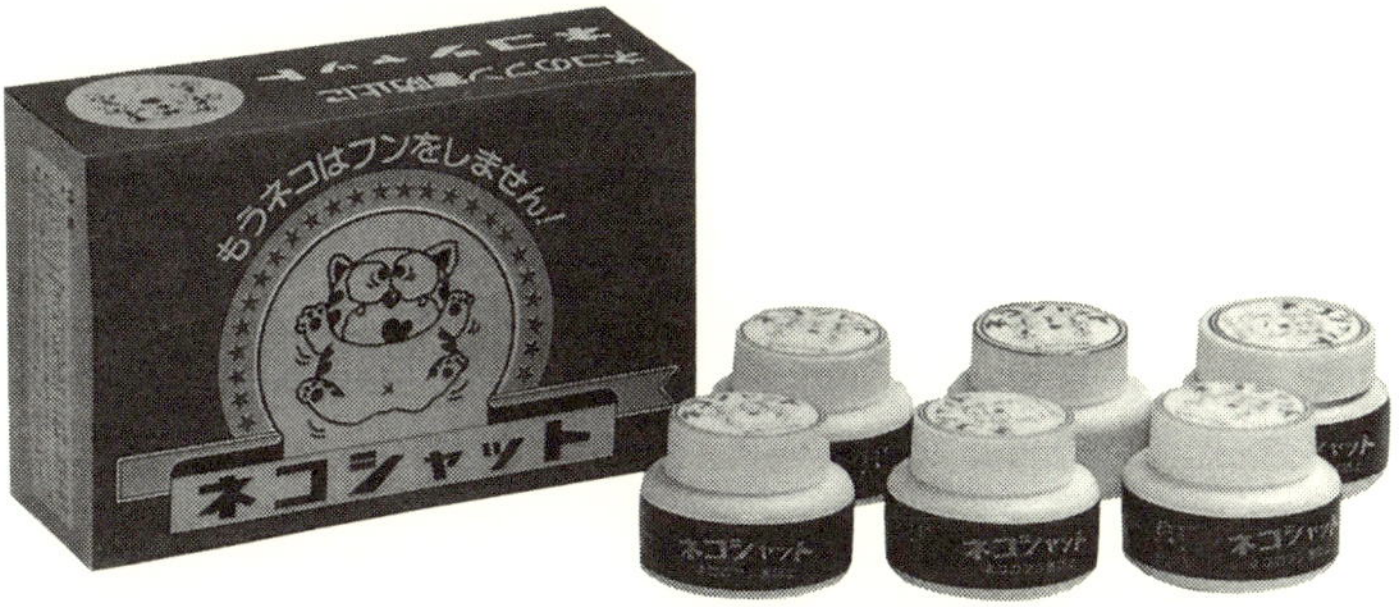


ネコシャット。そこに置くだけで猫を嫌がらせ、糞をさせない（主原料は木酢液）

犬猫バリア（生ゴミ用）。犬、猫を寄せつけず、生ゴミのにおいを消す（主原料は木酢液）

製造・取扱＝紀州ひのき屋

内村悦三・谷田貝光克・細川健次監修『竹炭・竹酢液の利用事典』創森社（1999年）
田中貞行『使う作る木炭入門』日刊工業新聞社（1998年）
金丸正江『炭に生き炭に生かされて』創森社（1999年）

*

小野ら「マイナスイオンを用いた家庭用空調機の健康・快適性に関する人間工学的研究」第13回日本健康科学学会（1997年）
橋本ら「マイナスイオン環境下における人の快適性に関する研究」日本機会学会第11回バイオエンジニアリング講演会（1999年）
松橋ら「炭素の生物作用～炭素の波動から細胞音波へ～」『炭素』No.184（1998年）
大谷「炭素と生物」『炭素』No.183（1998年）
小島ら「炭素繊維による微生物大量固着と水質浄化」『炭素』No.187（1999年）
井出ら「竹炭からの機能性炭素複合材料素材の開発とその応用」『材料』No.485（1994年）
「第1回日韓遠赤外線国際フォーラム」要旨集（1995年）
「週刊医療レポート」No.1007別冊（1990年）
石原「機能炭素材料としての木炭」『材料』Vol. 48 No.5（1999年）㈳全国燃料協会「木炭等の規格集」（1994年）

## ◆主な参考文献一覧

炭やきの会編『環境を守る炭と木酢液』家の光協会（1991年）
農林省林業試験場編『木材工業ハンドブック』丸善（1958年）
炭素材料学会編『新・炭素材料入門』リアライズ（1996年）
北海道開発局農業調査課『「炭埋工法」調査結果報告会資料』（1996年）
日本特用林産振興会編『木炭木酢液の新たな利用』（1994年）
東京都農業会議『利島村産椿炭の活用方策に関する報告書』（1997年）
山野井昇『イオン体内革命』廣済堂（1996年）
菅原明子『マイナスイオンの秘密』ＰＨＰ研究所（1998年）
楢崎皐月『静電三法』電子物性総合研究所（1991年）
谷田貝光克監修『森林の力』現代書林（1993年）
岸本定吉監修『炭・木酢液の利用事典』創森社（1997年）
岸本定吉『炭［新訂増補版］』創森社（1998年）
三枝敏郎『木酢液・炭と有機農業』創森社（1998年）
増田幹雄『炭火クッキング道楽』創森社（1995年）
大槻彰『木炭で安心・快適な住まいづくり』健友館（1997年）
大槻彰・秋月克文『なるほどなっとく!! 木炭パワーのすべて』青龍社（1999年）
杉浦銀治・古谷一剛編『木炭はよみがえる』全国林業改良普及協会（1988年）
杉浦銀治編『木酢液の不思議』全国林業改良普及協会（1996年）
恩方一村逸品研究所編『炭やき教本～簡単窯から本格窯まで～』創森社（1998年）

**炭幸舎**
〒182-0033　東京都調布市富士見町3-22-8　☎0424-80-5660

**竹炭工芸「都美」**
〒963-4701　福島県田村郡都路村大字古道字山口103　☎0247-75-2439

**ナースバンク㈱**
〒963-8874　福島県郡山市深沢1-8-23大槻ビル　☎0249-35-7603

**奈良炭化工業㈱**
〒638-0821　奈良県吉野郡大淀町下渕1548　☎0747-52-5551

**ネットワーク裕（宗廣三友紀）**
〒614-8377　京都府八幡市男山香呂21-403　☎075-983-8832

**富士眺望の湯ゆらり**
〒401-0322　山梨県南都留郡鳴沢村字ジラゴンノ8532-5　☎0555-85-3126

**松田はり治療院**
〒980-0021　宮城県仙台市青葉区中央3-8-5新仙台駅前ビル705　☎022-266-6192

**毬菜美容室（牧野裕子）**
〒604-8051　京都市中京区御幸町通錦上ル　☎075-212-2137

**南部川村森林組合**
〒645-0201　和歌山県日高郡南部川村大字清川1267　☎0739-76-2014

**㈲谷地林業**
〒028-8603　岩手県九戸郡山形村大字荷軽部3-18　☎0194-72-2221

**㈲オールインオール**
〒264-0025　千葉市若葉区都賀2-11-16　☎043-232-1522

**㈲山水**
〒324-0013　栃木県大田原市鹿畑字向山1080-1　☎0287-22-2245

**㈲レジーナ**
〒150-0012　東京都渋谷区広尾5-19-18広尾小松ビル２Ｆ　☎03-3449-7754

**米山歯科クリニック**
〒411-0943　静岡県駿東郡長泉町下土狩1375-1　☎0559-88-0880

1999年12月現在

*

**炭文化研究所**
〒162-0805　東京都新宿区矢来町96-4創森社気付　☎03-5228-2270

# チャコールインフォメーション
（本書内容関連）
50音順

**アルフィン（ALPHIN）**
〒150-0013　東京都渋谷区恵比寿1-22-23　☎03-3473-4580

**伊藤了工務店**
〒192-0373　東京都八王子市上柚木1616　☎0426-76-9146

**いばらき炭の会（山井宗秀）**
〒311-3124　茨城県東茨城郡茨城町中石崎2585-3　☎029-293-8004

**㈱弥栄**
〒616-8042　京都市右京区花園伊町26-1　☎075-465-5454

**㈱大木工藝**
〒520-2114　滋賀県大津市上田上中野町256　☎077-549-1309

**恩方一村逸品研究所**
〒192-0156　東京都八王子市上恩方町2885　醍醐山房　☎0426-36-8450

**㈱紀州ひのき屋**
〒519-3617　三重県尾鷲市野地町9-38　☎05972-2-9688

**㈱バイオカーボン研究所（秋月克文）**
〒300-1152　茨城県稲敷郡阿見町荒川本郷2206-5　☎0298-41-5171

**㈱増田屋**
〒146-0084　東京都大田区南久が原2-5-3　☎03-3755-3181

**協同組合 富山県ニット工業センター**
〒932-0823　富山県小矢部市福上396　☎0766-68-2508

**工房炭俵「福竹」**
〒421-1201　静岡市新間2646-4　☎054-277-0083

**下川町森林組合**
〒098-1204　北海道上川郡下川町南町133　☎01655-4-2159

**竹の塚健康ランド**
〒121-0813　東京都足立区竹の塚5-7-3 joyぷらざビル４Ｆ　☎03-3885-5555

**田村歯科医院**
〒438-0231　静岡県磐田郡竜洋町豊岡5965　☎0538-66-4800

**炭やきの会**（谷田貝光克会長）
〒104-0061　東京都中央区銀座8-12-15　全国燃料協会
☎03-3541-5717　　FAX03-3541-5715

飾り炭（切り株を炭化）

●

**［執筆&執筆協力者プロフィール］**

**岸本定吉**（きしもと　さだきち）
炭やきの会・日本木炭新用途協議会名誉会長（２頁～）

**山井宗秀**（やまのい　そうしゅう）
原子力開発機関勤務、いばらき炭の会会長（18頁～、30頁～、32頁～、54頁～、56頁～）

**秋月克文**（あきづき　かつふみ）
バイオカーボン研究所取締役所長兼技術開発部長（60頁～、62頁～、64頁～）

なお、文末無記名の執筆は、川島佐登子（エディター&ライター、炭文化研究所客員研究員）、炭文化研究所スタッフが岸本定吉、山井宗秀、秋月克文の各氏らの指導、助言を受けながら分担したものである。1999年12月現在。

**編者プロフィール**

**●炭文化研究所**

炭やきを自然と共生する産業としてとらえ、エコロジー＆リサイクル型社会実現に寄与することを目的として設立。研究者、専門家、実践者の方々の指導、助言を得ながら炭やきの発祥、変遷、技術、分布、文化、さらに炭・木竹酢液・灰の在来的利用法、新用途などを研究。炭やき、炭・木竹酢液・灰に関する実態調査に取り組んだり、情報の受信・発信をおこなったりしている。


エコロジー炭暮《すみぐ》らし術《じゅつ》

2019年3月1日　第1刷発行

編　者――炭文化研究所《すみぶんかけんきゅうじょ》

発行者――相場博也

発行所――株式会社　創森社

〒162-0805　東京都新宿区矢来町96-4

TEL 03-5228-2270　FAX 03-5228-2410

振　替　00160-7-770406

印刷製本――中央精版印刷株式会社



ISBN978-4-88340-333-2 C0077